杂木小庭院

[日]栗田信三 编

韩冰 译

机械工业出版社
CHINA MACHINE PRESS

引 言

近年来，人们越来越关注充满自然气息的空间，以杂木为主的庭院受到了许多人的青睐。以往，以常绿树为中心的传统日式庭院比较受人追捧，但是现在，追求度假屋般自然舒适的人越来越多。

有许多人希望"在生活中也能够体会到在大自然包围下的舒适自在"。

但是，我们在现实生活中，往往很难实现这种理想。特别是在东京等城市地区，住宅用地有限，居民虽然想把大自然引入日常生活，但由于庭院太小而无法实现。

想要在城市里的小型庭院中感受到亲近自然时的闲适，到底应该怎么做呢？

答案是种植杂木。如果能够善用杂木，那么即使在狭小的庭院或种植空间中，也可以营造出度假屋般的舒适安逸。春天的新绿，夏天的树影，秋天的落叶，冬天的树姿，庭院里的杂木将彰显出在城市几乎感受不到的四季更替。

说到杂木，许多人都会联想到杂木林，然而杂木庭院里，还存在着更多的可能性。利用杂木可以在狭小的空间内实现不同的庭院风格，例如构筑日式庭院或草坪庭院，设计成能够观赏鲜花和果实的庭院或具有欧式风格的庭院。

希望本书能够为读者带来一些启发，帮助您打造一个舒适怡人的庭院。

打造一个杂木小庭院

里山[○]的杂木林，曾经是日本人生活中不可或缺的部分

　　房屋周围是稻田和田野，附近遍布一片绿色的树林……这是曾经在日本各地都能看到的里山的风景。人们把林子中生长的麻栎和枹栎叫作杂木，用来当作柴火或烧成木炭。落叶也用作堆肥。这种里山中生长的树林，就是杂木林。提供燃料和肥料的杂木林，曾经对于人们的生活而言，是不可或缺的一部分。

　　杂木即使一度被砍伐，也会在几十年后再次生长得枝繁叶茂。被人类利用后自然地再生，如此循环往复，里山的杂木林便得以维持下去。对于那时的日本人而言，杂木林的新绿、斑驳的日光等景色，是日常生活中自然而然的存在。生活在 21 世纪的我们，会对杂木林的景色感到有些怀念，可能是因为有过这样的一段历史。

可以实现与自然共生的杂木庭院，越来越受到人们的欢迎

　　杂木曾经是在我们周围随处可见的树。因此，在传统的日式庭院中，特意种植杂木的情况并不是很多。然而近年来，种植杂木的庭院变得越来越流行，这可能是人们每天在沥青和混凝土的包围下，渴望将"自然"融入生活中的一种体现。

　　在杂木庭院中，春天可以观赏新芽和美丽的花朵。夏天，树叶变得浓密，人们可以在树荫下乘凉。花期过后，树上会结出小小的果实。到了秋天，可以观赏被秋风染成红色或黄色的叶子，还可以享用成熟的果实。冬天，树叶落尽，可以观赏到树干和树枝的姿态；另外，遮挡过夏日的树叶掉落后，温暖的阳光就会照进庭院和房屋。

　　○ 里山是指环绕在村落周围的山林。　　——译者注

　　打造一个杂木庭院，我们可以从一年四季变化的景致中感受到时间的推移，仿佛是住在充满自然氛围的度假屋中一样。

在城市的狭小空间中，也能享受杂木庭院的乐趣

　　杂木一般都比较容易打理。近年来，在直销处和建材超市的绿植专柜，也越来越多地能够发现杂木树苗的身影。

　　不过，仅仅是毫无章法地种植树苗，是不能打造出一个像度假屋一样舒适的杂木庭院的。

　　特别是在城市地区，庭院空间非常有限。想要在狭小的空间中享受杂木带来的乐趣，需要花很多心思，下许多工夫。

　　栗田信三就是一位以打造别具匠心的庭院而知名的造园家，目前主要在东京都从事造园工作。

　　栗田先生设计的庭院，在树种的选择、组合搭配、种植位置和庭院布局，以及如何利用狭小空间方面，都充满着智慧和匠心。

　　所以本书第1篇，就是从栗田先生设计的庭院中，精选了16个利用狭小空间打造精致杂木庭院的例子加以介绍。而第2篇，则挑选了一部分造园时适合种植的树木和林下草推荐给大家。另外，第3篇讲解了管理杂木庭院的方法，第4篇讲解的是打造庭院的方法。

　　您想在阳光斑驳的杂木庭院里度过轻松愉快的时光吗？那么，就请往下看吧！

目录

第 1 篇　空间不大却舒适怡人的杂木庭院

如何在城市的狭小空间中利用杂木打造一个充满自然气息的庭院呢？这里将为大家介绍16个前庭、通路、坪庭和露台等各具特色的精品庭院。

标志树红山樱在 $4m^2$ 的空间里茁壮生长

练马区　笠神家

用两种蔷薇属花木为标志树（symbol tree）
红山樱着色

如右图所示，在房屋周围狭窄的空间中不间断地种植植物，这样打造出的庭院，使热爱植物的笠神业主一年四季都能够观赏。

房屋周围空间的宽度仅为 1.5m，但所有植物都布置成了方便观赏的布局，家人也给予了"可以从每个窗户看到绿色"和"修整得很完美"的好评。

作为标志树的红山樱，占地仅 4m²。一起种下去的灌木和林下草，也生长得繁茂浓密，营造出杂木林一角般的自然氛围。

左右搭配的木香花和金樱子也长势良好，构成了一个绿意盎然的空间。

红山樱的野生品种广泛分布于日本的山区，在初夏会长出鲜嫩的新叶。四月中旬，泛着红色的嫩叶发芽，同时开出白色的花。

大多的花树都是在树叶繁茂后开花，但是红山樱的新芽和花朵可以一起观赏。

此外，红山樱也有许多具有不同颜色的叶子和花朵的品种，在这里种植的是开白花的山樱，在初夏会结出黑紫色的果实，秋天的红叶也非常漂亮。

布置在红山樱旁边的金樱子，是笠神业主以前栽培的。这是一种带刺的常绿攀缘灌木，在日本关东南部较为常见。5月至 6月间会开出美丽的单瓣白花。

木香花则是一种无刺的攀缘小灌木，会开出许多白色和淡黄色的小花。

葡萄架
（下面是车库）

E
F
A

入口

通路

G
H
N

C B D

数 据 庭院面积 48m²/ 竣工时间 2006 年

主要植栽（绿字为主景树）
落叶乔木：A—红山樱，B—野茉莉，C—富宁械
落叶中等木、灌木：D—加拿大唐棣，E—金樱子，
F—木香花
常绿树：G—柑橘，H—香橙，I—榉木

开黄花的木香花，生命力旺盛，在半阴的环境下也可以良好地生长。它没有什么刺，对于有孩子的家庭来说，用它作为围挡是再适合不过的。开白花的金樱子，也比较好养活，并具有较高的耐热性和耐阴性，因此可以将其种在日晒充足的路边，或是墙壁或杂木形成阴影的地方。

花枝从上方悬挂下来，富于野趣，并点缀着红山樱。

> **要 点**
>
> ### 红山樱适合用作标志树
>
> 红山樱的特征是即使长大了，树枝也能够保持美观。如果想让标志树的枝叶在二楼等房子上比较高的窗户附近展开，桂树和榉树都是比较适合种植的树种，因为即使根部的空间比较狭窄，树枝和树叶会在顶部散开，悠然地遮挡住窗户。

混凝土上的种植空间为 25cm 宽。尽管只有很小的间隙，但可以通过在阳台底部放置深度约 20cm 的土壤来打造一个充满绿色植物的空间。

（右）这是树篱和房屋之间的阳台和种植空间。这部分是从上方拍摄的，照片的左侧是树篱，右侧是房屋。

（上）街道对面（图片左侧）是男主人父母的家。杂木是按照在路上形成"拱门"的设计种植的。整体环境绿意盎然，简直不像是街心的道路。

（右）在车库上方，种有耐旱能力较强的植物，例如枸子、银姬小蜡和木犀榄。另外，我们注重仰望时视线的动向，在引导视线上花了心思，让木质藤本的葡萄朝横向攀爬。

这个葡萄是一个叫作"贝利 A 麝香"的品种。即使从远处看，大粒的黑葡萄也很引人注目。

布局时，我们以起居室的窗户为画框，让庭院从中看上去显得别致美观。以清爽的杂木为背景，前景中种有深色的灌木和花朵。

笠神说："不需要在房间里放置观叶植物……外面就像房间的另一半。"

活用地面上方的空间
来充分利用有限的土地

在红山樱后面的墙壁上，将一根不锈钢丝绑在铁杆上，形成一个随意的葡萄架。

这样一来，视线就跟随着红山樱而行，从底部上升到顶部，接着跟随葡萄来到了右边。视线因而就不会停留在平坦的墙面上，而是能够看到一幅绿意盎然的景象。即使是狭小的庭院，也可以利用上部空间，在不影响生活的情况下欣赏植物。另外，还可以将葡萄等果树与杂木结合起来，营造别致的氛围。

在车库上方种植一些像枸子这样枝条下垂的常绿灌木，可以让混凝土坚硬的外观变得柔和。枸子易于栽培，在冬天会结出红色的果实。像枸子这种葡匐类的植物，也可以用来覆盖地面。

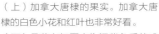

（上）加拿大唐棣的果实。加拿大唐棣的白色小花和红叶也非常好看。

（下）桑葚在初夏变为深紫色后就成熟了。

从玄关一侧看到的小通路。走下石阶，有一种行走在绿色包围之下的感觉。

入口前的野茉莉。铁灰色的树干和白色秀气的花朵互相映衬，对比产生的美感也非常有特色。

将富宁槭种在石阶小径的入口处，让它的树枝和栽种在右边的野茉莉搭成一个拱形。穿过整个拱形，直到玄关对面，一路上都覆盖着浓浓的绿意。

也可以在杂木中开辟出一角来种植果树

　　笠神家的房子周围环绕着一个 1.5m 宽的庭院，里面满满地种植着植物。

　　混凝土挡土墙（防止土壤坍塌的墙壁）旁种有果树。众多杂木中非常受人青睐的加拿大唐棣，在六月前后会结出紫红色的果实，果实可以做成果汁和果酱。

　　与杂木很搭的蓝莓树也是健壮好养的植物，其果实可以用来制成果酱，小花和红叶可以供人观赏。

　　桑树和东北红豆杉的果实在过去曾是孩子们的零食。使用小桑树（Mulberry）这种具有西式风情的桑树重现怀旧风景，也是造园的乐趣之一。笠神说："我一直以来都很喜欢研究怎么用蓝莓、桑葚做酸奶酱，还喜欢和鸟类分享加拿大唐棣的果实。"庭院里还种有香橙和橘子。在杂木的自然氛围中，可爱的果实显得分外美丽。

　　我们没有在挡土墙上安装木栅栏，而是围起宽松的铁栏杆，并让藤蔓植物攀爬在上面，将其变成别致的绿色屏障来营造开放感。

利用透视感，
再现记忆中的风景

杉井区　北西家

通过精心安排植树的位置，可以让庭院看起来更开阔

北西业主回忆起造园的理念时说："我是京都人，我是在由杂木林、河堤和稻田构成的风景中出生和长大的。小时候，我曾在田埂里割过草。所以我想在庭院里重现记忆中的风景。"

庭院中使用了两种杂木，一种是从山里挖来的"山采"，另一种是在人工林中养殖的。

在木质门牌的一侧，种有一棵从山上挖来的连香树，连香树呈向前倾斜状，成为庭院的中心。它的高度约为 5m，叶子已经恢复成自然生长时的状态，和庭院环境非常融洽。这棵树在春天会开出泛着红色的小花。另外，它的叶子是心形的，看起来非常可爱。

外廊和停车场之间种有两棵鸡爪槭，形成了遮蔽房子的树荫。靠近房子种植的另一棵枫树，从室内看上

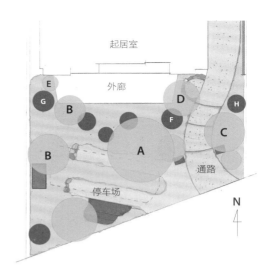

起居室

外廊

E
G
B
B
A
D
F
H
C
通路
停车场

N

数 据 庭院面积 46m² / 竣工时间 2012 年

主要植栽（绿字为主景树）
落叶乔木：A—连香树，B—鸡爪槭，C—大果山胡椒
落叶中等木、灌木：D—垂丝卫矛，E—胡椒木
常绿树：F—具柄冬青，G—月桂，H—南天竹

> **要点**
>
> 利用透视感、景深感，
> 让庭院变得开阔
>
> 如果将杂木种植在离窗子较近的地方，从室内望出去，树看起来会比较大。这样一来，种植在远处的植物就会看起来很小，庭院的深度也就随之增加了，这样可以使庭院看起来比实际中更开阔。在靠近街道的地方种植一些乔木，也可以带来透视感。

去显得很大。而远离房子并靠近道路种植的植物，就看上去相对较小。这样就可以让人感受到庭院的深度，并使空间看起来比实际更开阔。

枫树下面有一个手工制作的鸟窝，日本山雀和红腹灰雀会在这里落脚。

停车场是斜着修建的，给庭院增加了动感。停车场的前面种有大柄冬青，从街道上看过去，会和枫树一样产生透视感，从而让庭院显得更开阔。

在外廊的前面，杂木之间种有叶子细长的香桃木和小叶石斑木，可以挡住起居室比较宽的开口。我们还像堤岸小路那样，在植栽之间留出一条间隙，作为近道。

北西告诉我们说："我会用胡椒木的绿色果实和月桂叶子来制作料理。"

主景树是连香树。门牌周围种植的是常绿小灌木，还有用作林下草的迷迭香。

将通路和停车场设计成山脚下杂木林的风格，挑选林下草也花了一番心思

在过去日本的里山中，经常可以看到山坡上茂密的杂木林蔓延至山脚，并与稻田和河岸相连的景象。

北西家的庭院就想要重现这种里山微缩的风景。北西笑着说："我觉得这里一年比一年更加贴近怀旧的风景。"

如果地面上的植物太过茂盛，就会妨碍人们走路。为了不干扰日常生活，我们修建了通路和停车场来消减过度生长的植物。当时，考虑到与杂木的搭配，我们没有使用生硬的人造材料，而是使用了质地柔和的天然材料。

我们将河床的砾石埋入混凝土，铺成了通路；停车场是用深濑砂的三合土（将土、石灰和卤水混合，经过敲打后会变得坚固）修建的。深濑砂是茨城县鹿岛市出产的一种山砂类材料，含有花岗岩碎片。北西业主是土生土长的京都人，这种材料正类似于京都的土壤，因此被用来重现家乡的风景。

我们使用了河滩的砾石，并对其进行了洗石子处理（在地面、墙壁、地板等干燥之前，用水冲洗表面，让碎石浮现出来），还混入了彩色的石头作为装饰。

（上）停车场周围种了许多植物，在轮胎压不到的部分，留在地面上的草丛连成了一片。
（右）通路旁边的大果山胡椒也为庭院增添了野趣。

从外廊看到的庭院景致。右边树枝伸展得很长的是鸡爪械。左边是小叶石斑木，两棵树中间还有一个鸟窝。

北西一家的生活方式也非常自然环保，他们会利用杂草和秋天的落叶制成腐叶土，并用其种植香草。

利用斜坡
打造优美的通路

调布市　梅村家（原宫下家）

（左）从玄关附近通路上方的 2 楼阳台上看到的景色。

（中）锻铁制的扶手旁边盛开着麻叶绣线菊，扶手从大门延伸到车库。蜿蜒着穿过树木的铁扶手，就像与植物一起生长在地下似的。

（右）如图所示，植物一直将人们带领至通路的前方。右边露出树干的是具柄冬青，这是一棵常绿树，与杂木很好搭配。

对庭院进行大改造，让榉树和枹栎成为杂木庭院的主角

13 年前，当时庭院的所有者是宫下。他对于造园的想法是："想把它打造成像武藏野杂木林一样的庭院，来缓和建筑物冷冰冰的感觉。"从这个理念出发，我们对庭院进行了大改造。

因为地基是倾斜的，所以以前的庭院为了不让土壤流失，就用混凝土把土固定住了。此外，笔直的树篱和百叶门很扎眼，给人直白而封闭的印象。

因此，我们决定利用倾斜的土地，以原本种植在庭院中的枹栎和榉树为中心，把它改建为自然闲适的杂木庭院。

首先，我们利用平缓的坡度修建了一条弯曲的通路。这条曲线给庭院带来了开阔的感觉。我们还设置了一条平缓的阶梯，在通路的左侧保留了高大的榉树，并保留了街道边上的枹栎。然后在台阶旁边种植了野茉莉、菱叶杜鹃、日本小叶桦、日本紫茎和腺齿越橘，打造了一个在绿色中穿行的舒适空间。

另外，为了让老年人走路更方便，我们请经常与栗田先生合作的铁艺家松冈伸夫制作了铁扶手。扶手一直连接到大门，将庭院和用地以外的空间连接起来而没有遮断，风可以在杂木之间吹过。我们还种植了具柄冬青等常绿树，作为遮挡邻居家和街道的屏障。

当时宫下说："顺着围绕具柄冬青的通路走下去，可以欣赏到整个庭院。每天早晨，我都坐在大门前的长椅上，眺望斜坡的景色。"

过了 11 年后，宫下一家准备要搬家了。这时，住在隔壁的梅村表示："我总是从隔壁欣赏这边的风景，我想把它保留下来。"这样梅村就搬了过来，接手了这片庭院。

要点

曲线型的通路能够营造出开阔感

在布局杂木庭院时，如果用直线划分庭院的空间，则无法展现出杂木能够营造柔和氛围的优势。如果将通路设计成曲线型，就会营造出杂木林小径那样的开阔感。

从起居室的窗户看到的日本小叶梣。把它种植在前面，可以营造出透视感。此外，大多数日本小叶梣下部分的枝都很少，因此可以透过它看到庭院的深处。

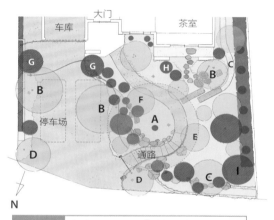

数 据　庭院面积 150m²/竣工时间 2002 年

主要植栽（绿字为主景树）
落叶乔木：A—榉树，B—枫树，C—枹栎，D—野茉莉，
　　　　　E—日本小叶梣，F—日本紫茎
常绿树：G—铁冬青，H—具柄冬青，I—金松

在作为庭院重点位置的入口、转弯处、主要房间的前面布置了杂木，树林的氛围就明快地一直连接到了主庭。

树丛环抱下的主庭中的茶庭

　　大门周围地势较低的地方，已复原成在房屋建造之前绿草如茵的斜坡的样貌。从这里通往房屋的通路、车库和停车场，都通过"洗石子"，形成了自然的式样，通路和车库前面还安装了铁制的脚灯。

　　停车场的左侧也种植了植物，这样整个庭院就连成了一片小树林。

　　通路之外的地方，也利用杂木打造了休闲舒适的空间。

　　我们将主庭做成了茶庭（茶室前面的开放空间），并配备了蹲踞，以及用"洗石子"处理过的延段和飞石。为了彰显庭院的日式风格，还种植了在日式庭院中比较常见的枫树、红山紫茎和常绿的具柄冬青。业主会在这里举办茶会。

因为主庭在茶室前面，我们就顺势将其做成了露天的茶庭。在此种植了枫树、红山紫茎和具柄冬青，并设置了蹲踞、延段和飞石。

他还说："我会和走在路上的人们谈论关于野鸟和花草树木的话题。我最喜欢的是，嫩叶刚发芽，快要长出一片新绿的时候"。

融入这个庭院中的理念，也随着梅村业主新的步伐有所发展。

（上）修建成茶庭的主庭。右侧深色树干的是枫树，在它前面的是红山紫茎。偏中央的种植空间里的是具柄冬青。左边是日本小叶梣。不用在庭院所有地方都种树，也能营造出树林的氛围。
（右）停车场周围也种有树木。枫树的树枝从左右伸出来。左侧枫树前面的是香港四照花。

展现修长树干，
能让通路显得更宽阔

世田谷区　吉川家

右前方是羽扇槭。左前
方是日本吊钟花，左后
方是红山樱。

（右）从玄关处看到的景色。左前方是日本小叶梣，后面是羽扇槭，右边是红山樱。

（左）玄关大门的左侧，日本小叶梣清新的叶子在摇曳着，营造出被大自然环抱的感觉。

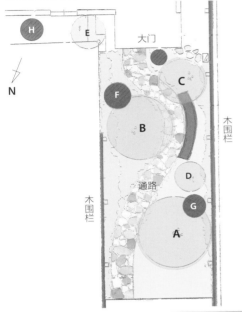

N

大门

木围栏

木围栏

通路

H E C F B D G A

不在杂木的前面种植灌木，而是让杂木根部附近都清晰可见，会让通路显得清晰而宽阔。

日本小叶梣的枝和叶。
日本小叶梣与氛围雅致的木栅栏非常协调，打在栅栏上的树影就像是一幅画。

树荫对于孩子也很亲和友好。

数据 庭院面积 17m² / 竣工时间 2005 年

主要植栽（绿字为主景树）
落叶乔木：A—羽扇槭，B—红山樱，C—日本小叶梣
落叶中等木、灌木：D—英蒾（ viburnum phlebotrichum ），
　　　　　　　　　E—鸡麻
常绿树：F—具柄冬青，G—山茶"白侘助"（ Comeuia
　　　　 wabisuke 'Shironabisuke'），H—月桂

对于开口狭窄的庭院，可以用通路打造有深度的空间

　　吉川家的住宅用地是一个旗形（L 形），其中庭院开口为 2.7m，深度为 6m，正好构成细长的"旗杆"。两侧用木栅栏与邻居家隔开。

　　我们在这个空间中，修造了一条弯曲的通路，弧线在杂木之间穿过。曲线型的设计更容易与杂木自然柔和的气氛相搭配，并具有使庭院看起来比实际更宽的效果。

　　由于安装了栅栏，因此不需要用常绿树作为屏障。在左右围栏的上方，有一个葡萄架将它们连接起来，横向的葡萄架与纵向的杂木垂直相交，成了别致的点缀。

　　在这个庭院里，我们挑选了一些树干修长笔直的品种来栽种，例如日本小叶梣、红山樱、羽扇槭、垂丝卫矛等。另外，我们没有在杂木前种植灌木，而是让根部附近也清晰可见，这样通路就给人更宽阔的感觉。

组合搭配不同树木，
打造一个杂木林

墨田区　细川

羽扇槭和竹帘的组合，
非常符合店铺的氛围。

让具有不同树形和高度的树交错在一起，同时注意搭配的均衡，令整体形象接近了杂木林的风貌。

金丝桃花朵的黄色与暖帘（门帘）的深紫红色之间对比鲜明，显得艳丽夺目。

（上）从店内看向街道的样子。左侧的树是具柄冬青。在右侧，露出浅棕色树干的是羽扇槭。杂木那自由豁达的身姿让人怦然心动。

（右）长着红褐色树干的高大树木是日本紫茎。它前面的灌木是松田山梅花。对面深处的树是鸡爪槭。

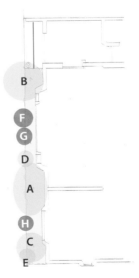

将杂木随意地组合搭配，打造一个杂木林

"细川"是一家江户荞麦面餐厅，它位于日本东京都的"两国"地区，曾获得过米其林星奖。店铺临近江户东京博物馆，建在一条狭窄小巷的边上，保留着江户时期的味道。

前庭的纵深为 0.9m，宽度为 9m。我们在这样小而细长的前庭中，打造了一个日式风格的杂木林。在如此有限的空间里选择并栽种植物的时候，不能光看单个树木的形状，还要考虑植物整体的均衡，有层次地搭配杂木会让整体看起来更美观。

首先，最前面的羽扇槭烘托出了江户时代的氛围。除了槭树外，庭院里还排列着具有日本风情的山茶花、日本紫茎、齿叶溲疏等树木，中间还穿插种植了绿叶胡枝子和绣球花。

栽种时，我们仔细观察了屋檐、飘窗的设计，以及它们与树木之间的关系，将许多不同姿态的杂木组合起来，打造出枝叶在上方展开的形象。我们选择了姿态各具特色的杂木，例如倾斜伸展或斜枝横逸，然后将它们组合成了一个均衡和谐的小杂木林。

数据 庭院面积 8.1 ㎡ / 竣工时间 2009 年

主要植栽（绿字为主景树）
落叶乔木：A—鸡爪槭，B—羽扇槭，C—日本紫茎
落叶中等木、灌木：D—菱叶杜鹃，E—松田山梅花
常绿树：F—具柄冬青，G—山茶"白侘助"，
　　　　H—大头茶

透过画框样式的窗户，欣赏城市中的杂木林

琦玉市　中西家

以枹栎为基调，打造具有田园风光的杂木林景致

中西家所在的琦玉市是县政府所在地，商店、大楼和房屋鳞次栉比。位于这样的城市里，中西家却自成一派，仿佛是一个"世外桃源"般的度假区。

在建房之前，中西业主设想的理念是"想建造一间带有土间⊖和宽大的屋檐、具有乡土气息的农舍。然后再打造一个像老家那样的，野草茂盛并带有菜园的庭院"。最后就诞生了这个，带有朝向庭院画框样式的大开口部，建筑物内部和外部由"土间"连接的房屋。

庭院与房屋的和谐是最重要的。为了满足中西业主的愿望，我们以里山中代表性的杂木枹栎为基调，将整个庭院设计成了杂木林风格。在庭院中，除了树木和草丛之外，我们还布置了泥土小径和小园子，打造出怀旧的风景。

⊖ 土间指的是门口至起居空间之间的机能性空间。　——译者注

（左）画框样式的大开口部。照片中间是紫花槭。

（右）土间部的地板采用大谷石材料。照片中间的那颗大树是枹栎。

右边的树是山胡椒。它的左边是一个风向仪，风向仪脚下是山东万寿竹和小萱草等林下草，再现了家乡令人怀念的庭院氛围。交替种植不同大小的树木会增加景深。

在设计小树林的布局时，首先要考虑从室内向外看的视野，然后据此确定杂木的布局，这些将成为整个庭院结构的骨架。预先想好树木的层次要如何展现，在保证整体协调均衡的同时，让绿色有层次地连成一片。

构筑中西家庭院的时候，我们考虑到从街道观看的视角，首先在作为"画框"的大开口部的右端种植了一棵枹栎。

这里选择的是一棵生长快速，具有粗壮树干的"主干形"枹栎。枹栎凹凸不平的树皮散发出杂木的魅力。在入口的一侧，我们种植了一棵从根部伸出了几根枝干的"丛生"枹栎。这两棵枹栎紧贴房屋长大后，在主庭和玄关前形成了一个空间。

布局的中心除了枹栎，还有"画框"右后方的枫树，左前方丛生的紫花槭，以及中间的大柄冬青。

菜园一隅。假日里，业主从早到晚都待在庭院里，给植物浇水，侍弄花草，轻松悠闲地度过这一天。

从餐厅窗口，也可以充分享受闲适自在的绿意。

房子一楼右侧是餐厅的窗子。左侧是枝叶舒展的紫花槭。

庭院一侧。右边是大柄冬青，左侧深绿色的是枹栎。中间种植了大叶钓樟、日本小叶梣、腺齿越橘、三桠乌药、具柄冬青等。

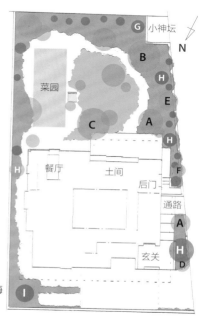

数据　庭院面积 110m² / 竣工时间 2011 年

主要植栽（绿字为主景树）
落叶乔木：A—枹栎，B—鸡爪槭，C—紫花槭
落叶中等木、灌木：D—垂丝卫矛，E—蜡梅，F—白鹃梅
常绿树：G—青冈，H—具柄冬青，I—香港四照花

繁茂的树木几乎要涌到街道上了，也可以供路上的行人观赏。

种植空间只有 60cm 宽。从后门到玄关一侧，分别是枹栎、菱叶杜鹃、具柄冬青和垂丝卫矛。

连接到右边的，是从主庭起连续种植的用来遮挡视线的常绿树。其中有赋予杂木庭院节奏感的具柄冬青以及台湾含笑。台湾含笑会开出奶油色的花朵，并散发怡人的芬芳。

侧面的植栽。即使在狭小的种植空间中，也可以打造出一个小杂木林。

盛开的白鹃梅。

将路边和庭院一侧的植物衔接起来，在街角再现杂木林

在通路上，我们首先种植了丛生枹栎，然后在树根周围种植了东笹竹作为地被植物。

细竹穿过道路和挡土墙（防止斜坡和台阶塌陷的石墙或墙壁）的缝隙，延续至用地外的小神坛，从而让混凝土的外观变得自然柔和了一些。庭院侧面的植栽连成一片，给人通路从中间穿过的感觉。

菱叶杜鹃在山脊、多岩石的地区和杂木林中经常可以看到，富于野趣。它是枹栎的好搭档。

具柄冬青、垂丝卫矛、白鹃梅、蜡梅、枫树等树木沿街排列，在街角处再现了一个杂木林。

特别是当白鹃梅纯白色的花朵盛开时，许多人都会情不自禁地停下脚步。此外，蜡梅开出的黄色花朵，晶莹剔透、香气扑鼻，也使路过的行人感到愉悦。

遮挡道路的屏障，没有使用修剪整齐的树篱，而是使用了相对自然的常绿树。常绿树非常繁茂，几乎要蔓延到路上去。香桃木、台湾含笑、南烛、檵木等常绿树，与杂木混植在一起非常融洽，没有不协调的感觉。

利用鲜花和果树，打造
一个色彩缤纷的庭院

浦安市　小山家

每个季节都有花儿竞相开放，并能够品尝到时令水果的庭院

小山家的庭院里，不仅有杂木，还引入了花和果树，这样在日常生活中，就能够享受采摘的乐趣。

在主庭的中心，有一棵加拿大唐棣，这棵树自然生长到二楼的高度，树上点缀着许多深紫色的小果实。加拿大唐棣是一种长大后也能保持优美树姿的园景树，在海外也很受欢迎。在早春时节，会开出白色的花，正如它的英文名"June berry"（六月莓）所示，人们可以在六月收获它的果实。此外，到了秋天，加拿大唐棣红叶似火，也非常适合用来观赏。

除了加拿大唐棣，庭院里还种植了毛樱桃、无花果和蓝莓等许多可以结出美味果实的树。院子里有了这些树木，人们不仅可以品尝到果实，还可以在春季和夏季观赏绿色随风摆动的优美景色。长满了紫色小果实的日本紫珠，样子也非常可爱。

（下）加拿大唐棣的前面是柠檬树。柠檬树是常绿树，但其叶色并不浓郁，可以享用它的果实，也可以用它遮挡来自道路的视线。风格明快的杂木庭院适合种植柠檬树。

（上）小山说"无花果也结出了很多果实。下次我想在上面设置一张网，以免果实被鸟吃掉。"

毛樱桃的树上结满了形似樱桃的果实，将树枝压弯了腰。与白色和粉红色的月季也很协调。"毛樱桃是从我母亲家移过来的，已经陪伴我几十年了，"小山这样说。

　　小山业主特别喜欢园艺，实际上这个庭院里种植的植物80％都是他自己原有的收藏。盖新房时，我们打算充分利用它们，就把这些植物从旧房子里移植了出来，或把盆栽种到地里，进行整体布局。

　　这个庭院里种了许多花，特别是品种丰富的月季，也给路过的行人带来了许多乐趣。此外，杜鹃花、夹竹桃和拱形花架上的铁线莲都竞相盛开。蜡梅即使在寒冷的季节也会开花。我们还种植了多个品种的月季和以迷迭香为首的香草类植物，因此每个季节都是芬芳满园。

　　我们在木质平台上面搭建了一座绿荫棚，这是一个用于藤蔓植物攀爬的架子，外水道的设计也独具匠心，兼具花台的功能。

　　小山说："林下草随着季节一下子发生了变化。酢浆草变多了，蜂斗菜的数量也增加了。佃煮伽罗蕗（佃煮的蜂斗菜茎梗）和佃煮的蜂斗菜叶子味道都很棒。用明日叶和香草做成的冰沙也很好吃。"

要点

选择不会挡住杂木树干的植栽

在加拿大唐棣的根部周围种植的植物，要控制在林下草的高度，以便展现出树干窈窕的姿态。

这是从玄关到主庭的狭窄通路。铺地的古砖等材料十分考究，林下草和小花们连成一片片如茵的绿色，构成了一个绚丽多彩的空间，衔接起主庭的杂木和拱形花架的景色。照片中的林下草是玉簪、箱根草和紫金牛。

加拿大唐棣泛绿的灰色树干，与色调柔和的木栅栏构成的景致中，点缀着加拿大唐棣深紫红色的果实和粉红色的紫斑风铃草。

位于通路末端和前庭一侧连接处的是日本紫茎。日本紫茎是乔木，所以旁边的夏椿在它的衬托下，花朵和叶子都显得很娇小。日本紫茎的树形、树干、树叶和嫩芽都很秀美，夏天会开出白花，到了秋天树叶会变红并结出果实。

数据　庭院面积 40m² / 竣工时间 2012 年

主要植栽（绿字为主景树）

落叶乔木：A—加拿大唐棣，B—无花果，
　　　　　C—日本小叶桥，D—日本紫茎

落叶中等木、灌木：E—毛樱桃，F—蜡梅

常绿树：G—柠檬，H—杜鹃花，I—橘子

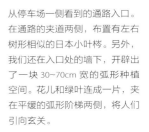

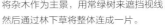

将杂木作为主景，用常绿树来遮挡视线，然后通过林下草将整体连成一片。

这里的重点在于，从邻居家的边界到停车场的侧面这一块，不要让绿色断层。

从停车场一侧看到的通路入口。在通路的夹道两侧，布置有左右树形相似的日本小叶桥。另外，我们还在入口处的墙下，开辟出了一块 30~70cm 宽的弧形种植空间。花儿和绿叶连成一片，夹在平缓的弧形阶梯两侧，将人们引向玄关。

（右）假连翘的花。
（左）陶瓦花盆中种有月季和韩信草，右边是白千层，左边靠后的是铁筷子。在前景中的是蜂斗菜。

使用陶瓦花盆进行混栽，并在周围打造一个小杂木林

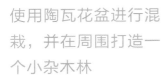

入口一侧，带花纹的陶瓦花盆中混栽了许多五颜六色的花朵。在这个角落，喜欢鲜花的业主夫人每个季节都可以观赏到不同的花朵。周围还搭配有小杂木林。

首先，我们在混种的植栽旁边，以及通路入口的楼梯旁边，都种植了日本小叶桥。如果没有杂木，墙壁就会暴露在外，不会有绿树成荫的感觉。我们事先与设计师进行了商讨，决定将通路做成弧形，并预留出种植空间。接下来，选择树形相似的日本小叶桥，在通路的左右两侧种植下去，两边的树仿佛在互相呼应着。最后，在米色墙壁柔和的背景下，两株日本小叶桥相映成趣，构成了如画的美景。

接下来，在通路深处与小径连接的地方，布置有小山业主带来的日本紫茎。日本小叶桥和日本紫茎之间，还夹杂着夏椿。日本小叶桥和日本紫茎的轻快感成了小山家入口一侧的特色。

此外，我们还布置了常绿的桂花树和枸骨，来作为开门时遮挡视线的屏障。

出深山幽谷的景致

布置一条溪流，打造

府中市　渡边家

从三角形平台眺望山间小溪般的流水

渡边家的房子刚刚重建完，但层层的绿意已经很浓了。

渡边家的家具都非常考究。渡边先生是一个很有情趣的人，他爱好爵士乐，而且感情非常丰富。就像他会精心挑选家具和醉心于爵士乐一样，他对于庭院构想的热情也非常强烈和执着。

渡边夫人是一个性格开朗的人，平时喜欢照顾她的狗和猫，也喜欢花。满足渡边夫妇以及女儿们期望的设计，就是这样一个流淌着小溪、狗狗可以在里面自由玩耍的主庭，以及可以漫步于花丛中的通路。

庭院中林木葱茏，整个用地充满了杂木林的气息。从大门的两侧开始，经过入口周围，直到主庭深处，都接连不断地布置了杂木，这样会在整个庭院中营造出森林般的氛围。

从二楼眺望主庭的景色。我们将业主从他父亲那里接手的树木加入到了主庭中。后面的常绿树遮挡住了来自邻居家的视线，同时和街道的绿化衔接了起来。

野茉莉的树根附近种有泽八绣球，它那楚楚的花姿，为杂木的景致增添了一份可爱感。

（左）水榆花楸下面的树枝垂在了平台上。这里注意到了绿色的衔接过渡。

　　用"洗石子"处理的三合土搭成的土间，像现代风格的外廊那样，一直延伸到平台的外部。

　　在房子的整个南侧，约1.8米进深的屋檐以一字形横穿其间，建筑工艺非常精良。透过庭院眺望房子时，建筑就像掩映在树林后的佛堂或农家的谷仓那样，深度给人留下了深刻的印象，整个庭院杂木林的氛围也更浓了。

　　三角形平台是根据业主提出的"船头"的形象设计的，到了晚上，亮起的灯就仿佛是海面上的灯塔。这时，杂木庭院简直像大海一样广阔，呈现出与白天完全不同的样貌。

　　平台前方的野茉莉和它前面的水榆花楸，起到了连接平台和整个庭院的作用。树木长大后，也可以给平台带来一片树荫。大柄冬青纤细高耸，连下方的树枝也婀娜多姿，可以从多个角度观赏。

浴室前的景色。从左起分别是水榆花楸、大叶钓樟和鸡爪槭。常绿的枔木和山茶花把邻居家遮挡了起来。靠右边露出树干的是大柄冬青。

从起居室看到的美景。作为主景树的乔木，从左起分别是水榆花楸、野茉莉和四照花。搭配上有设计感的平台，整体看上去就像是一幅画。

平台是两层的结构，走起来很轻松。这样能使宠物更容易出入庭院，渡边也笑称："像是专门为了猫和狗而翻新似的。"

数据　庭院面积 78m² / 竣工时间 2013 年

主要植栽（绿字为主景树）

落叶乔木：A—大柄冬青，B—鸡爪槭，C—紫花槭，
　　　　　D—日本小叶梣，E—野茉莉

落叶中等木、灌木：F—垂丝卫矛，G—大叶钓樟，
　　　　　　　　　H—深裂钓樟

常绿树：I—青冈，J—香港四照花，K—具柄冬青

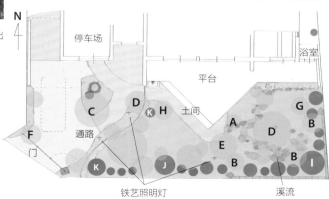

铁艺照明灯　　　　溪流

选择在山里生长，虬干蜿蜒屈曲，或树枝左右不对称的杂木，会提升大自然的氛围。

要 点

利用高低差来增加立体感

把土堆得高一些，在庭院中做出高低差，可以增强空间的立体感。空间变得立体后，这部分就像将小山沿山脚切下再安到庭院中一样，庭院也会让人更加心旷神怡。

确定乔木大柄冬青的种植位置时，以从浴室、起居室和入口附近看过去，树木都能够进入视野为标准。

为了打造一条溪流，我们在后方设置了一个固土墙，将土壤抬高了约60cm，并在前面垒上石头。利用雨水，让水循环起来，以重现大自然中潺潺溪流的景象。

浴室窗户。透过这个窗口，也可以看到大柄冬青。

将生长在山间溪流周围的植物移植过来，营造出大自然的氛围

从树林间传来潺潺的水声。种植在庭院最深处的鸡爪槭，在常绿树苍翠背景的衬托下显得尤为突出。看上去像是从地下涌出的溪流，其实是利用雨水打造的。流水在绿茵覆盖的山石之间和垂丝卫矛下面穿过，并环绕大柄冬青流到浴室窗户前的大叶钓樟的树根下。沿水流种植一些杂木，就可以重现大自然中山间溪流的风貌。

溪流周围的林下草是从御殿场山林的山体表面（山腰的表面）直接移植过来的。直接从山体表面进行移植，也可以增加杂木土生土长的感觉。

耸立的大柄冬青是从山上挖来的，特别有山林的风味。枫树、日本四照花和水榆花楸也是从山上挖来的植株。

常绿树方面，我们也使用了有特色的树。例如，杨梅生长在山野林间，到了夏天会结出酸酸甜甜的果实。杨梅自古以来就受到人们的喜爱，有的地方会种植它作为行道树，它的果实也可以做成果酱或酿成酒。

平台周围的平地是狗狗可以自由奔跑的场地，而地被植物使用了无毛翠竹（于吕岛竹）。无毛翠竹在日本小竹中属于叶子细长、生长密度大的类型，所以显得很茂盛。它可以很好地承受剪枝、修整，因此能保持在较低的高度。它的耐热性和耐阴性都很强，非常适合用来当作杂木庭院的地被植物。

如果想让狗狗在庭院里玩耍，还可以在土地上铺上树皮屑或种植草坪。

通路旁边的花坛里，
每个季节都有美丽的花儿盛开

为了防止狗狗跑到外面去，我们在通道和主庭的边界处设置了栅栏，并且在其周围种植了日本小叶椣和榔榆等杂木。在这个通路的空间里，业主可以随四季变换，种植自己喜欢的时令鲜花。

我们在大门的一侧种植了榔榆，另一侧则种了一株垂丝卫矛。玄关前面的种植空间中种有紫花槭，旁边是常绿的山茶"白侘助"以及接收雨樋滴水的"滴水石"。

通路一侧的空间用来种植业主喜欢的花朵。

我们选择了水甘草作为林下草，它在初夏时会绽放出花瓣细长的淡蓝紫色星形花朵。它那雅致的外观，为杂木庭院增添了一份可爱。春季里，春星韭开出一簇簇的白色小花，花的形状也像星星似的，为庭院增添了柔和的气氛。

平整的铁栅栏对面是主庭，在这里可以尽情享受观赏低木、林下草、鲜花和果实的乐趣。另外，我们还种植了与杂木相映成趣的加拿大唐棣、覆盆子和香橙等果树。

大门、邮箱、通路和主庭之间的扶手等隔断，都是铁艺雕刻家松冈先生的作品，完美地与杂木庭院融合到了一起。

跨越 20 年打造的
树绿荫浓的杂木林

板桥区 井上／野添家

野添家的通路用树篱划分出来，宽度约为 3m。虽然侧面的空间只有约 40cm 宽，但是其中种有连香树、枫树和昌化鹅耳枥，它们的树枝生机勃勃地向上伸展着。

历经了20年的时间，和其他老宅子一样，井上家庭院的土壤也已经被踩得很硬实了。左侧烧烤炉背后具有深褐色树干的是昌化鹅耳枥，起居室前面种植的是日本紫茎，正面最深处种植的是枹栎。

景色随着时间的推移，会逐渐发生变化，这也是杂木庭院的魅力

　　井上和野添是两姐妹，虽然都已经各自成家，但是由于两家彼此相邻，所以就将两个庭院合在一起进行了设计。

　　这座庭院自建成以来已有20年了。在此期间，当初种下的植物都长大了，整个庭院的氛围也发生了很大的变化。

　　例如，榉树树苗种下去的时候，树干直径只有10cm（根钵直径约为40cm），而现在已经长成直径为30cm，高15m的大树了。杂木庭院的魅力之一就在于，外观会随着岁月的流逝而发生改变。

左侧是枹栎，右侧是榉树。这是树干自竣工后历经20年长成的样子。施工后，杂木随着时间推移不断地生长，整体越来越接近杂木林的样子。这也是杂木庭院的魅力之一。

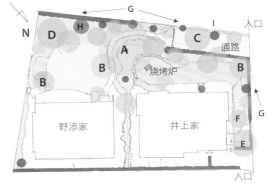

要点

顺应变化，修整庭院

随着时间的推移，庭院中的杂木越长越大，家庭成员的生活方式和周围环境也在发生着变化。因此，最好以 10~20 年为一个周期，重新评估布局和植物，根据情况大胆地进行移植或修剪。

井上和野添的家里包含着由合并设计两家庭院而萌生的巧思。

尽管两家的入口是分开的，但是将野添家的通路延长，通路边的树篱就在井上家的起居室前面展开，成为庭院的背景。在这条通路的侧面，种有连香树和枫树，树枝在头顶上方形成了"拱门"。

通过这样独具匠心的设计，让两家的杂木林看上去都扩大了两倍。井上家的前面还设有一个可以烧烤的区域，在城市中打造了一个避暑胜地般的舒适空间。

在寸土寸金的城市地区，能够建造此类庭院的例子，竟然出乎意料的多。

数据 两家庭院面积共 130m²/ 竣工时间 1995 年

主要植栽（绿字为主景树）

落叶乔木：A—榉树，B—枹栎，C—连香树，D—日本辛夷，
　　　　　E—日本四照花，F—疏花鹅耳枥
常绿树：G—小叶青冈，H—全缘冬青，I—青冈

小露台 ——— 杂木环绕的中庭

中野区　山田家

欧洲小花楸在夏天会开出一簇簇的白色小花；到了秋天，红叶和红色果实也可供人们观赏。

从起居室看到的景色。正对面的是野茉莉。在日本最早的诗歌总集《万叶集》创作的时期，野茉莉的别称"山萵苣"就曾被人们写进诗词里吟诵，从那时起，它就一直受到人们的喜爱。将紫花槭布置在左侧，绿色就有了层次感和透视感，从而增加了进深感。

照片中是石板路的两边。画面中央的是欧洲小花楸。右后侧是野茉莉。

要 点

在房屋附近设置一个种植空间

规划窗外的庭院景色时，最好先确定主景树杂木的位置，然后在窗户前也种下高大的杂木。在房子旁边设置种植空间，可以彰显"绿色环绕的感觉"，营造出让人安心的氛围。

将混凝土围墙围成的中庭，打造成杂木小露台

　　山田家的男主人曾经在伦敦长期从事设计工作，夫妻二人更喜欢欧洲那种宁静的氛围，所以内装都采用了欧式风格。

　　窗外充满闲适氛围的杂木庭院，竟然与欧洲风情的室内装饰意外地协调，在日本喧闹的都市中，打造出了一个怡然自得的空间。

　　规划庭院布局的重点在于，起居室和餐厅窗外露台对面的景色。我们对杂木的栽种位置进行了设计，以便杂木长大后，前面和后面的树可以在窗外构成具有美感的层次。

　　山田家窗子的正对面种着野茉莉。野茉莉是杂木林中非常常见的树木，因此极富野趣。初夏时，它的枝头会开满星形花朵，花儿向下垂吊开放，芳香四溢。花谢后会结出小小的果实。

　　接下来，我们用"植物环抱露台"的理念对杂木进行布局。我们将比野茉莉大一些的欧洲小花楸种在了窗外右前方的位置。这样不仅可以近距离地观赏树枝和树叶，还强调了透视感，让空间看起来更开阔。

　　然后，我们在左后方布置了从中央向前探出的加拿大唐棣，还在左前方种植了稍微低矮一些的紫花槭，使其从室内看上去比野茉莉低一级。

　　另外，我们在需要遮挡的地方布置了一些常绿树。比如，在业主家与东侧邻居家的交界处种植了香港四照花。香港四照花的树枝柔软舒展，与杂木庭院搭配起来很协调；并且因为香港四照花很容易长高，所以很适合用来遮挡邻居家的二楼等地方。

　　我们还在野茉莉和加拿大唐棣之间种植了叶子苍翠且富有光泽的具柄冬青，从而让冰冷沉闷的混凝土围墙变得柔和自然，并使树木显得更加茂盛。

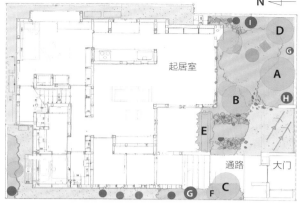

起居室

通路　大门

数据　庭院面积 40m²/ 竣工时间 2012 年

主要植栽（绿字为主景树）

落叶乔木：A—野茉莉，B—欧洲小花楸，C—日本小叶梣

落叶中等木、灌木：D—加拿大唐棣，E—蓝莓树，
　　　　　　　　　　F—垂丝卫矛

常绿树：G—具柄冬青，H—红淡比，I—香港四照花，

（上）左边的灌木是粉花
绣线菊，林下草是麦冬。

混凝土围墙上设有一些长条
切缝。这些切缝具有通风和
透光的作用，绿意从中溢出。
在院子里的人还可以透过它
听见外面行人的动静。

从切缝中和围墙的顶部都可以
看到山田家那盎然的绿意。

有透视感的布局，会让空间显得更开阔

　　常绿树的叶子颜色较深，落叶树的叶子颜色较浅，这两种树组合在一起，能够让庭院的景致更为丰富。

　　常绿树中有一些品种可以种在杂木下的半阴处。另外，如果在绿叶植物中混栽一些叶子带有白色斑纹的植物，它们就会成为绿丛中的点缀，从而彰显杂木林轻快的氛围。

　　一旦确定了主要杂木和常绿树的种植位置，接下来就要用植栽把它们衔接起来。我们在靠近围墙处右边角落全阴的地方布置了红淡比，而在左边角落日照相对充足的地方种植了香橙。香橙会结出直径 4~5cm 的黄色果实，为冬季的庭院带来一抹明亮的色彩。

　　接下来是布置灌木类植物。我们选择了鸡麻、瑞香和泽八绣球这些喜好半阴环境的植物。然后，一边比照枝杈的样子和树叶的颜色，一边穿插种植在杂木之间。另外，我们在庭院前面种植了一些花叶女贞，它带有金边的叶子非常漂亮。这里还利用了山田收到的结婚纪念品山月桂，以及从父母家移植过来的杜鹃花和草珊瑚。

　　灌木确定好之后，接下来就要布置一些草花和林下草。

　　林下草方面，和树木一样，最好从大株植栽（例如玉簪或铁筷子）开始决定种植的地点。在杂木之间穿插种植随季节更替，能够接连不断地生长出各种鲜花和果实的灌木或林下草，一个全年都能欣赏到如画景色的庭院就打造出来了。

如果一侧有房子或墙壁，在此选择种植偏向一侧伸展的植株，会给人安定的感觉。

透过大门看到的日本小叶梣。

（右）连接大门的通路。每天出入时看到杂木的那一刻，会让人的心情放松下来。这里铺设的蜜蜂石（英国科茨沃尔德出产的天然石材）的风格也和环境很协调。

浴室窗外也是杂木丛生，一派充满生机的景象。

日本小叶梣树枝悬在通路上方，构成了一个柔和平缓的拱门

山田夫妇说他们"看了 100 多款大门"，终于从中精挑细选出了这一款。

透过大门看到的日本小叶梣呈现出清爽的姿态，非常秀美。通路上方舒展的树枝仿佛构成了一个线条流畅的拱门，和欧式风格的通路也很搭。

望向浴室窗外，杂木映入眼帘，很容易让人在泡澡时不知不觉就忘记了时间。

从通路上看到的大门内侧日本小叶梣的样子。它的右边是垂丝卫矛，再往右边是具柄冬青。常绿的具柄冬青给人的印象是叶子小巧，显得轻盈通透，不论种在日式庭院还是西式庭院中，都非常协调。

种有紫花槭的
日式坪庭

和光市　山崎家

将外廊前延展的用木栅格围成的坪庭演绎出日式风情

山崎家的庭院，是用日式的木栅格区隔出来的。坪庭的对面有一个宽敞的起居室，起居室前面细长的外廊一直延伸到房子的后面，起居室里随意地摆放着日式家具和杂物。我们在坪庭上布置了枫树等充满日式风情的植物，并添置了涌水和林下草，打造出了一个静谧的空间。

从起居室和通路都能看到种植在坪庭一角的主景树——紫花槭。在坪庭（中庭）种植杂木，枝叶在夏天可以遮阳蔽日；到了冬天树叶落尽，阳光也能够充分地照射进来。特别是枫树类杂木，剪枝后树形也不会乱，非常值得推荐。紫花槭的植株比较小，即使枝叶长得很繁茂，也不会妨碍到日常生活的动线。

从房间看过去，枫树的左侧种有腺齿越橘，落叶树排列成行。木栅格的间隔很宽，因此兼具遮挡视线和

从后面看到的外廊的样子。从前景起分别是，日本紫茎、日光五叶杜鹃、榉木、腺齿越橘和具柄冬青，正对面排列着紫花槭。从各个角度比对，来调整透视感、绿色的衔接、树皮的展现方式等，从而使庭院整体上显得美观雅致。

要点

坪庭（中庭）里适合种植枫树类杂木

坪庭正对着房间。杂木在夏天枝繁叶茂，可以用来乘凉；到了冬天树叶落尽，也不会挡住阳光，因此非常适宜种植在坪庭或中庭里。特别是枫树类杂木，在日照不足的环境下也能生长，非常值得推荐。除此之外日本小叶梣、日本紫茎、大叶钓樟也是不错的选择。

装饰庭院的功能，我们还在枫树后面布置了具柄冬青，在入口右侧布置了山矾。色调柔和的落叶树与苍翠的常绿树结合在一起，构成了布局的骨架。

一排落叶树一直延续到外廊一侧狭长的种植空间，在春季和夏季能够营造出宜人凉爽的环境；秋天，树叶变成艳丽夺目的红色；到了冬天，落叶纷纷，渲染出安谧的氛围。

接下来，林下草也让坪庭更加有日式的感觉。首先，我们种植了高挑、耐阴的剑叶沿阶草来盖住外廊的边缘。此外，我们在枫树下栽种了红盖鳞毛蕨，并在前方铺设了生长在水边的金钱蒲和麦冬作为地被植物，来保持湿润的感觉。

除植物外，坪庭里整齐铺设的石头和瓷砖以及古色古香的水钵，无处不彰显着日式庭院的风情。

从和室看到的景色。树枝向右伸展的是紫花槭，它能够在夏天带来凉爽的气息，在冬天也不会遮挡住阳光。

数据	庭院面积 26m²/ 竣工时间 2012 年

主要植栽（绿字为主景树）

落叶乔木：A—紫花槭，B—日本紫茎，C—水榆花楸，
　　　　　D—鸡爪槭

落叶中等木、灌木：E—腺齿越橘，F—泽八绣球，G—五叶杜鹃

常绿树：H—具柄冬青，I—山矾，J—檵木

N

专门采用了日式的设计风格，在入口旁边的草丛中铺砌了石头和瓦片。

这里种植了高挑耐阴的剑叶沿阶草来遮挡外廊的边缘。草叶正好搭在外廊，保证了绿色的连续性。

前庭侧面，铭牌和邮箱一带，以及通路入口。左侧是大株的水榆花楸和菱叶杜鹃，在它们前面的是正在开花的桔梗，都与山崎家的日式风格很搭。种植在右侧的是鸡爪槭。

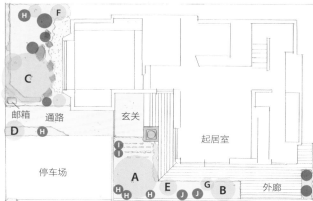

邮箱　通路　　玄关　　起居室

停车场　　　　　　　　　　　外廊

可以体验野山四季变化的前庭

　　前庭、入口附近和通路都布置成了日本野山坡的感觉，在这些位置可以观赏到四季应时的花朵和红叶。首先，我们在空间中心的邮筒旁边布置了乔木水榆花楸当作标志树。它的特征是树叶脉络清晰，初夏时会开出形似梨花的白色小花，到了秋天叶子由黄色转为红色，并结出红色的果实。这里种植的树，树干粗壮、根深叶茂，比起树干纤细的丛生树木，显得更加稳固，能够给人一种安定感。如果想表现出安稳的存在感，可以选择主干是一棵或两棵的树木。

　　庭院周围的格子栅栏以及二楼的格子窗，与水榆花楸粗壮的树干形成了鲜明对比，令人印象深刻，给人以视觉上的冲击。对于种植在周围的灌木和林下草，我们特意选择了低矮的品种，以便能够充分地展现树干。

　　我们在紧邻通路的右侧种植了与坪庭形象相呼应的鸡爪槭，还在前庭对面的左侧栽种了香港四照花。接下来，主人将精心培育这两棵树和水榆花楸，以保持整个住宅格局的均衡。

　　前庭的植栽通过填土被抬高了一些。前面挡土墙的水平线较低，给建在斜坡上的房屋带来稳定的感觉。

　　天气转寒以后，可以闻到瑞香花的阵阵清香。菱叶杜鹃、少花蜡瓣花和马醉木绽放的花朵则宣告了春天的到来。接下来，细梗溲疏和鸡麻的白花会在层层新绿中崭露头角。初夏时，香港四照花、泽八绣球和槭叶蚊子草的花蕾在枝头含苞待放。当桔梗的花儿绽放，野菊一片片盛开的时候，树木的叶子就开始染上了金黄，具柄冬青的果实也变成了红色。前庭酿造出静谧的氛围，从庭院前路过的人们也可以欣赏到随季节不断变化的景色。

面向通路从右侧看到的样子。照片左边的是鸡爪槭，右侧是具柄冬青。树木与屋檐和柱子之间的色调对比非常舒服、养眼。

从正面看到的样子。右侧停车场的后方就是坪庭。以水榆花楸和鸡爪槭为中心，前庭向左侧延伸。房屋的色调、二楼格子窗的线条等，与杂木的绿意一起构建出了绝妙的均衡感。

树影斑驳的 木质平台

杉井区 渡边家

利用日本小叶梣让斑驳的阳光洒满木质平台

渡边家在寸土寸金的市内，以有限的空间打造出了兼具居住空间和庭院的住宅。房子使用了每个房间高度都不同的错层式结构来适应倾斜的地形，并设置了一个大开口部来增强开放感，让住宅更加休闲舒适；还在窗户外面修建了一个尺寸不大的木质平台。

造园过程中，我们也颇下了一番功夫。在设计布局时，我们希望无论从起居室、餐厅的窗户看出去，还是在错层式结构特有的高低差里移动的过程中，植物都能够均衡地进入人们的视野。

首先，我们确定了主景树日本小叶梣的种植位置，并相应地对木质平台的外形进行了缩小等调整，让阳光从杂木枝叶的缝隙中撒下来，在平台上形成斑驳的树影。日本小叶梣的树干窈窕纤细、亭亭玉立。在春天，枝头上会开出许多白色的小花。日本小叶梣具有很强的耐寒性，是一种健壮好养的树。在渡边家，种植日本小叶梣的目的就是为了在前面遮阳。

在日本小叶梣的根部，我们种植了马醉木和阔叶山麦冬等灌木和林下草。渡边一家人还喜欢在日本小叶梣上悬挂用花生串成的"花生花环"来吸引鸟类，一起享受远东山雀造访的乐趣。

这样布局，可以在起居室观赏到穿过杂木的斑驳阳光。

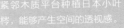

紧邻木质平台种植日本小叶梣，能够产生空间的透视感。

人们可以在日本小叶梣亭亭如盖的枝叶下，惬意享受悠闲的时光。左侧墙边的是珍珠绣线菊和瑞香。

要点

种植杂木时要规划好光影的位置

这里主景树的种植位置经过了规划，以确保从树叶间倾泻而下的阳光能够落在木质平台上。这次，我们还将平台缩小了一部分，并调整了其形状。另外，如果选择日本小叶梣这一类树枝不往四面八方伸展，而是往一个特定方向延伸的树种，光影的位置和尺寸调整起来会更加容易一些。

种植与杂木相搭配的灌木和常绿树，例如月桂、香橙、丹桂、厚叶石斑木、枬木、台湾含笑等，可以遮蔽邻居家，还可以遮挡来自路人的视线。

（上）左前方的是日本小叶梣，中后排的是香橙，右边开白花的是麻叶绣线菊。

（右）沿着围栏，从后起分别是少花蜡瓣花、厚叶石斑木和蓝莓。

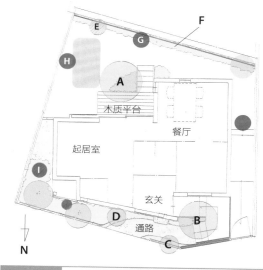

数 据	庭院面积 32m²/ 竣工时间 2008 年

主要植栽（绿字为主景树）
落叶乔木：A—日本小叶梣，B—野茉莉，C—日本紫茎
落叶中等木、灌木：D—松田山梅花，E—毛樱桃，F—蓝莓树
常绿树：G—月桂，H—香橙，I—丹桂

业主的女儿们也非常喜欢道边和庭院中的树木。

用木栅栏和蓝莓树自然地隔断空间

业主家与邻居家的边界处，也是配合杂木庭院的景致设计的。我们设置了80cm高的木栅栏，沿木栅栏排列的蓝莓等灌木像树篱般茂盛地生长。

蓝莓果实成熟后，业主一家人会把它们采摘下来，一起品尝那酸甜的滋味。

我们在邻居家门口正面的附近种植了常绿乔木月桂，用来遮挡视线。月桂的叶子还可以用作炖菜的香料。

此外，我们还在业主家与东边邻居家的交界处种植了香橙，并且透过餐厅窗口就能看得到。香橙的白色花朵和黄色果实，为杂木庭院增添了亮丽的色彩。

月桂和香橙是遮挡邻居家的天然屏障，尤其是香橙长大后，可以挡住邻居家的大部分。

此外，庭院中还布置了各种植物，例如落叶灌木泽八绣球，常绿灌木厚叶石斑木和多年生草本水甘草等，打造了一个从起居室和餐厅也可以欣赏到浓浓绿意的庭院。

成排的蓝莓树一直连接到餐厅旁边更小的庭院中，墙上还攀爬着葡萄藤。

墙上攀爬着名为"早熟坎贝尔"品种的葡萄藤蔓。

这是野茉莉开出的白色小花。朝下开放的可爱小花们开满了枝头，与中央的橙色花蕊形成了鲜明对比。在秋天，它会结出外表形似开心果的果实。

在石板路小径和街道之间的种植空间中，种有日本紫茎等植物。

在狭小的空间里重现了一个小杂木林的景致。入口设计成了人们要在野茉莉的树伞下，绕过树干进入大门的形式。

从东北边看到的渡边家。房屋和街道之间距离为70~80cm，我们利用这部分空间种植了杂木，将房子包围在了绿色之中。

木板围栏的上方，是枝叶舒展、树干挺秀的野茉莉。铁灰色的树干与围栏以及大门的色调非常搭配。

利用路边空间，在街道上重现杂木林的景致

渡边家虽然位于市区，但周边的绿化率相对较高。同一条街上的许多地方，如住宅和网球场，都生长着引人入胜的绿荫。渡边家打造的小杂木林也是街中一景。

这里的设计亮点在于，人们需要在野茉莉的树伞下，绕过树干登上台阶，再经过通路到达玄关。楼梯间的空间很小，我们下了一番功夫将野茉莉种植下去，让它看起来就像是在这里土生土长的一样。出入时躲开挡在头上的树枝，这种感觉就像走在树林里。在初夏，铁灰色的树干、新鲜的绿叶和白色花朵之间的对比令人赏心悦目。

另外，我们在街道和房屋之间宽70~80cm的狭窄空间中种植了大柄冬青、日本紫茎和东亚唐棣。这些杂木和野茉莉连成一排，环绕在房屋周围。

接着，我们将常绿树具柄冬青夹杂在其间作为点缀，还加入了鸡麻、松田山梅花、菱叶杜鹃、细梗溲疏等灌木，时令鲜花和果实也为行人带去了愉悦的心情。

我们在杂木根部栽种了许多宿根草，例如硬毛油点草、白色野绀菊、足摺野路菊和水甘草。这些多年生草本植物的野生群落一般分布于山坡、石地、荒野小径、海滩和河边。

这些漂亮的野花与杂木的氛围非常相称。这样，我们就在仅有70~80cm宽的前庭中种植了20多种植物，打造了一个充满野趣的杂木林。

从露台上眺望
开阔的草坪庭院

调布市 · 小野家

布局植物时，注重露台四周景致的设计

尽管这是一个很小的主庭，但是为了让业主能够在朝南的露台上舒适、惬意地享受休闲时光，我们颇花了一番心思。

首先，我们布置了日本四照花作为主景树。这种树的树叶又大又圆，边缘略带波浪形，能够营造出柔和而宁静的氛围。

从小野家的两个窗户可以看到这株日本四照花。日本四照花这种树会生长得比较大株，但是小野家的周围是围栏，对面就是街道，没有邻居家墙壁之类的障碍，因此可以将它纳入到庭院中。

另外，为了确保从露台看过去主庭与右侧的前庭具有连贯性，我们在其间用草坪和石砌小径将二者相连，

（上）从入口一侧看到的主庭。草坪在前面蔓延生长，杂木伸展的枝叶遮住了平台。

（下）宽阔的平台是让人放松休闲的空间。一家人在这个平台上，试着用圆形或长方形的花盆组建了一个小型的家庭菜园。

让平台四周的景色较开阔。之后，我们用长有漂亮花朵和果实的灌木将景色衔接起来，并且还在草坪以外种植空间的前面，布置了应四季时令开花的林下草。

我们在主庭的入口和深处都种植了加拿大唐棣、蓝莓树和常绿树木犀榄之类的果树，来作为屏障。台湾含笑和香港四照花也起到了遮挡视线的作用。

结缕草的魅力在于可以彰显大自然的氛围，也可以给窄小的庭院带来"明亮的开阔感"。夏季自不必说，即使在春季和秋季，如茵的碧草也会在庭院里蔓延生长，与杂木的配合性非常出色。如果像小野业主那样尝试亲手种植草坪，那么之后也会对其精心呵护、钟爱有加。

枫树等杂木的枝叶舒展，亭亭如盖，在露台上面形成了天然的阳伞，令这里的空间变得更加舒适宜人。

木栅栏可以将狭窄的街道与居住空间自然地隔开，同时又能衬托出盎然的绿意。

以白色墙壁为背景，衬托出日本小叶桵

业主一家人最喜欢的就是日本小叶桵。我们从田间精心挑选了树干修长、树顶向外散开的植株。以玄关旁边的一堵白墙为背景栽种下去，日本小叶桵细长窈窕的树干亭亭玉立，起到了衔接前庭和主庭的作用。

木栅栏充分隔绝了来自外部的视线和声音。

小野家的住宅，是用遮挡程度很高的围栏将家庭用地和外面的道路完全地隔开，从而确保了一个安静而独立的空间，并在家里打造了一个开阔的杂木庭院。

这种围栏的木板是从柱子的正面和背面交替固定上去的，空气可以从缝隙中透过，植物也可以将树枝伸出去。

这种样式的围栏还能够人为地加大空隙。小野家围栏的下面就打开了一个空隙，路过的行人也可以从中看到栏内种植的时令花卉。这样，从外面看时，围栏带来的隔绝感就得到了缓解。有住在附近的人和小野搭话，称赞说"您家的庭院真漂亮"。

停车场使用了自然风格的地砖，以及用"洗石子"加工的川砂利（河砾石），与杂木相映成趣。

杂木自种下后的第二个春天起，就牢牢地生了根。看到了这一势头的小野说："我觉得今年植物会长得很茂盛。"

这里种植了灌木深裂钓樟和山杜鹃，并添加了假龙头（随意草）和蔓长春花。

充分利用停车处的空间。如果只有周末才会在这里停车，那么可以在轮胎压不到的地方种植草坪。

这是一个铭牌风的铁艺大门，"ONO（小野）"的铭牌是用锤子敲打细铁丝制成的。而门上焊接的门钩，是全家人都喜爱的猫的造型。

植物伸入了围栏的缝隙中并和它融为一体。迷迭香和野菊与木栅栏的纹理搭配得非常协调。

从路边看到的小野家的景色。白墙的前面是木围栏，其顶部和底部旁逸斜出的绿意，会给路上的人们带来愉悦的心情。

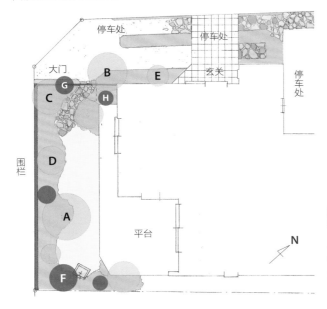

数据 庭院面积 27m²/ 竣工时间 2012 年

主要植栽（绿字为主景树）

落叶乔木：A—日本四照花，B—日本小叶桉，C—东亚唐棣

落叶中等木、灌木：D—黑涩石楠，E—深裂钓樟

常绿树：F—香港四照花，G—木犀榄，H—台湾含笑

只需一棵日本小叶栲，
就能让房屋的风貌
焕然一新

港区 花崎家

邻居们在杂木树荫下乘凉，愉快地聊天

这里是花崎的办公室兼住所。花崎是一位制作日西合璧的"蔬菜点心"的设计师。清水混凝土墙上的高大木门和栅格是建筑的亮点。

在用地一角仅 0.5m² 的种植空间中，种有一棵日本小叶桴。如果想在狭小的空间中种植大株的杂木，关键在于改善环境、改良土壤，让土壤的排水性能更良好，以便树木能够顺利扎根。

花崎笑着说："和当初栽下时相比，树干变粗了。虽然我会给它剪枝，调整树势，但它还是长得越来越大。叶子挂满枝头，把树枝都压弯了，入口也因此变得不好通过，但是邻居们有时候会在树下一边乘凉一边闲话家常，所以都不让我修剪树枝。"

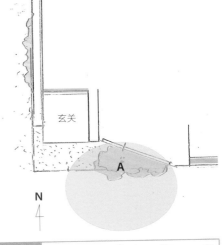

这是植栽整体的样子。在仅有 0.5m² 的空间中种植杂木，可以使房屋生色，并给街角带来湿润的感觉。花崎每天都会按时给日本小叶桴浇水。

玄关

N

数据 庭院面积 0.5m²/ 竣工时间 2005 年

主要植栽（绿字为主景树）

落叶乔木： A—日本小叶桴

十九年前，人们将这棵日本小叶桴从山上运下来，穿过田野，搬到了这块土地上。变粗的树干仍然留有在山里土生土长的风貌。林下草和石钵里的木贼，也为环境增添了韵味。

环绕的画廊

城市里被杂木草花

杉并区 寿庵画廊

由于这部分土壤是被回填到地下室外的墙边的，所以墙边种植空间虽然宽度只有 20cm 左右，但深度高达 4m，因此这里的植物长势良好。

寿庵的墙边种有金丝桃、紫斑风铃草、山茶"白侘助"、松田山梅花、斑叶芒、鸡麻、细叶芒、壮美鼠刺等植物。

（上）从斜前方看到的寿庵画廊。杂木、中等木、灌木、常绿树和林下草环绕着画廊，呈现出宜人的风景。

（右）这棵日本四照花，是 12 年前被栽种在这个狭小空间里的，它的根已经深深地扎进了土壤中。

数据 庭院面积 3.5m²/竣工时间 2002 年

主要植栽（绿字为主景树）
落叶乔木：A—日本四照花
落叶中等木、灌木：B—壮美鼠刺，C—鸡麻，
D—松田山梅花
常绿树：E—具柄冬青，F—山茶"白侘助"，
G—金丝桃

在画廊前极其狭小的空间，也能够种植杂木

　　寿庵画廊位于杉并区的古董街附近。古董店"伊势屋美术"的老板在这里开设画廊，迄今已有 12 年了。

　　业主前来咨询的时候说："前面这一块种植空间，左侧仅为 0.4m²，右侧也仅为 0.5m²，墙下空间只有 10～30cm 宽，这样也可以种植一些树吗？"以此为契机，栗田先生在这里种下了这些植物。在这样狭小的空间里种植杂木，无疑是一项挑战。

　　首先，我们在左侧的种植空间中布置了枝叶舒展的日本四照花，让它成为这条街标志性的一景。日本四照花与另一侧的具柄冬青一起，在入口处形成了一个"拱门"，与铁门的气质非常搭配。

　　由于地下室是一间茶室，所以我们在墙边栽种了以山茶"白侘助"等茶花为主的植物，供路上的行人观赏。

用四照花为
小前庭增色

杉井区

Burg

四照花的一个品种"银河系"（Milky way）。
这个品种的特征在于，花朵略呈象牙白色。

面包房前庭是一个杂木环抱的小广场

在街心的面包店前面，有一个绿树成荫的小广场。广场的两侧形成了两个种植空间，我们通过种植林下草来模糊两个空间的边界，从而让两边的空间显得更开阔。

从店铺正对面看过去，左侧种植的是四照花。

这株四照花是一个叫作"银河系"的品种。该品种的四照花生长快、开花多，特征是叶子稍显细长，树枝柔软舒展，花朵呈象牙白色。它现在长得枝繁叶茂，营造出了西式风情，把后面的白墙都挡住了。

这是一家面包店，所以有很多人前来。因此，我们适当地栽种了常绿树和林下草，让人们无论在哪个季节都能看到一抹绿色。

我们在与邻居家土地的交界处种植了常绿树银姬小蜡和大花六道木，作为遮挡视线的屏障。我们还在遮阳棚的下面种植了十大功劳，并添加了常春藤和圣诞玫瑰作为常绿林下草。

红色的踏板摩托车停在写着面包店名字的绿色遮阳棚前，成为万绿丛中的一点红。在布局上，利用人造物品呈现出颜色的对比，会有不俗的效果。

第 2 篇　值得推荐的树木和林下草图鉴

这里为您推荐了一些打造杂木庭院时适合栽种的落叶树、常绿树、落叶和常绿灌木，以及贴近杂木根部种植的林下草。希望能够帮您找到最喜欢的植物，来构筑一个绿意盎然的庭院。

落 叶 树

　　落叶树就是会在冬天落叶的树。文中给出的高度，是每种树在自然状态下树高的估计值。栽种在一般的庭院中，落叶乔木或小乔木能长到 3~5m，中等木或灌木能长到 0.5~2m。落叶树的叶子颜色和树枝形态大多比较秀气柔美，如果想通过孤植来彰显树的存在感，或者想呈现房屋周围绿树环绕的景致，就可以种植落叶树。落叶树可分为"主干形"和"丛生形"："主干形"只有一根树干，"丛生形"会从同一根基上分出多根树干。

日本四照花 　　　　　　　`落叶乔木或小乔木`

山茱萸科山茱萸属　花期：5~7 月　~10m

日本四照花的枝干挺秀，不进行修剪也能保持树形的整齐美观。因此，如果是种植在比较宽敞的地方，则可以任其生长。在初夏，日本四照花的总苞片伸展开来，就像一朵朵白花，煞是好看。而且由于它们朝上生长，因此很适合从二楼的窗户观赏。在日本，据说因为这种树的样子像盖着头巾的法师，又像覆盖着雪顶的山，因此得名"山法师"或"山帽子"。到了秋天，它会结出直径 2cm 左右的红色果实，果实可以直接食用，也可以酿成果酒。叶子接近卵形或椭圆形，适合种植在向阳或半阴的环境下。

日本小叶梣 　　　　　　　`落叶小乔木`

木犀科梣属　花期：4~5 月　5~10m

在日本，日本小叶梣以棒球球棒的制作原料而知名。因为树皮在潮湿时会变成青绿色，所以又有"青梻"这个俗称。它带有白色纹路的树干清秀挺拔，给人柔美而清凉的感觉。春季，日本小叶梣会开出许多 6~7mm 长的线条状白色小花。到了秋天，会结出 2~4cm 长、3~5mm 宽的红色果实，叶子也会被秋风染成红褐色，能够为庭院增添色彩。日本小叶梣可以在半阴处生长，但如果想赏花，那么栽在向阳处更好。

野茉莉 　　　　　　　　　`落叶小乔木`

安息香科安息香属　花期：5~6 月　~10m

在日本，野茉莉因为果实吃起来很涩口，所以又有"涩树"这个别称。初夏，形似铃铛的白花朝下弯垂绽放。盛开的花儿多到几乎要把枝条盖住，装点着初夏时分的庭院。它的叶子呈两头尖尖的卵形或椭圆形，秋天时的红叶也很漂亮，整棵树几乎全年都可以供人观赏。野茉莉的枝叶需要充足的阳光，但是有些不耐旱，因此请注意不要让阳光直接照射到树根。夏天天气持续炎热的时候，需要定时浇水。

加拿大唐棣 落叶乔木

蔷薇科唐棣属　花期：4 月　~8m

因为这种树是在 6 月结果，所以别称"六月莓"（June berry）。加拿大唐棣大多都以"丛生形"的形态生长。春天，五瓣的白花覆盖了整棵树。到了初夏，它会结出直径为 7~10mm 的红黑色果实，与绿色叶子形成了绝妙的对比；这些果实也可以用来制作果酱和果酒。到了秋天，树叶会变成红色。一年四季都可供人观赏。加拿大唐棣具有极强的耐寒性，健壮好养，所以不用费太多心思。它适宜在排水良好的向阳处种植，夏季要多浇水。

大柄冬青 落叶乔木

冬青科冬青属　花期：5~6 月　8~10m

由于这种树剥下树皮后可见绿色内皮，因此在日本它也得名"青肤"。在初夏，大柄冬青会开出直径约 4mm 的泛绿的白花。它的树分雄雌两种，如果将两种树种植在一起，雌树差不多会在隔年结果。到了秋天，果实能长到直径约 7mm 大小，接着变红、成熟。在不同的环境下，叶子可能会呈现深绿色或黄绿色。由于叶片又薄又软，因此看上去有一种透明感。到了秋天，树叶变黄，在阳光照耀下显得金灿灿的。大柄冬青喜好阳光充沛的环境，但在半阴的条件下也能够生长。

鸡爪槭 落叶乔木

槭树科槭树属　花期：4~5 月　10~15m

槭树属的树有时被统称为枫树，用来代表树叶鲜红明媚的树木。鸡爪槭的生长速度快，叶子略小。仲夏，嫩绿的树叶显得生机勃勃；秋天，树叶开始变色，最初呈黄褐色，最后会变成鲜艳的红色。叶子颜色的变化过程，非常值得一看。嫩枝是绿色的，但有的表面可能会发红。鸡爪槭喜好阳光充足的环境，以及湿度适中的土壤。它也能抵抗西晒的日光，可以将其种植在从室内可以看到的位置，并在晚上用灯光照亮夜色中的红叶。

日本紫茎 落叶乔木

山茶科紫茎属　花期：5~7 月　10~15m

初夏时，日本紫茎会开出直径约 2cm 的白花。花朵呈圆形，形状类似于夏椿（P68），但大小不到其一半。它的叶子长 4~8cm，宽 2~3cm，花朵与细长的树叶形成鲜明对比，令人赏心悦目。略带红色的树皮和树枝光洁发亮，在树叶落尽的冬天，也可以观赏它优雅的树姿。日本紫茎本身的树形就很漂亮，所以稍微修剪一下就足够了。因为它喜好日照半天左右的条件，所以请避免夏日西晒等强烈阳光的直射。另外，日本紫茎不耐旱，所以要注意及时浇灌。

羽扇槭 落叶乔木

槭树科槭树属　花期：5~6月　10~15m

羽扇槭和鸡爪槭同属于枫树类，但是羽扇槭的叶子比较大，长和宽能达到7~13cm。之所以叫羽扇槭，是因为它的叶子看上去很像天狗（日本传说中的妖怪）的羽扇，在日本也被称作"名月枫"。初夏，它会开出从树枝向下垂吊的紫红色小花；到了秋天，会结出螺旋桨叶片形状的红褐色果实。在红叶鼎盛之前，羽扇槭黄色、黄绿色和红棕色叶子错杂缤纷的景致也是一大看点。由于叶子在炎热的酷暑中可能会卷缩，因此不仅要在根部浇水，还要给整棵树喷水。

紫花槭 落叶乔木

槭树科槭树属　花期：5月　10~15m

紫花槭的树叶较小，且稍显圆形，嫩枝略带棕绿色或红色。在日本，它也被称为"板谷名月"。将其种在窗前，从室内欣赏青叶或红叶，也是不错的选择。虽然紫花槭在半阴处也可以生长，但是如果日照时间不足或西晒太强，都不会长出美丽的红叶，因此最好将其种植在除西侧以外的向阳处。为了防止根部被强烈的阳光照射，搭配栽种一些灌木或林下草效果会很好。

垂丝卫矛 落叶中等木

卫矛科卫矛属　花期：5~6月　3~5m

垂丝卫矛开出的花朵会向下垂吊约10cm长，因此在日本也被叫作"吊花"。垂丝卫矛的白花直径为6~7mm，显得十分小巧可爱，到了秋天，它还会结出同样向下垂吊的红色果实，果实成熟后会裂成五瓣。垂丝卫矛的一些野生群落分布于湿润的山地溪流沿岸，所以种植它可以令庭院充满野趣、生机勃勃。垂丝卫矛适合种植在向阳处或半阴处。另外，它具有很强的抗热、抗寒和抗病能力，树势强壮，结实好养。但因为垂丝卫矛喜好湿润，所以请注意不要让其过于干燥。

连香树 落叶乔木

连香树科连香树属　花期：4~6月　25~30m

连香树可以长成树干直径达2m的大树，也有从一棵植株生出多个主干的形态。在春天叶子伸展开之前，会开出紫红色的小花。叶子在春季和夏季分两次打开。春天，娇嫩青翠的新叶呈略带圆形的心形。而后到了夏天，叶子就完全打开了。秋天，连香树的果实成熟，叶子也变成了黄色。它的果实有1.5cm长，呈略微弯曲的圆柱形。连香树的落叶有一种独特的香味，闻起来有点像酱油的香气。它几乎不生病虫害，是一种健壮好养的树。

枹栎

壳斗科栎属　　花期：4~5月　　20~25m

枹栎遍布在日本各地，是日本的代表性杂木之一。过去，人们会把它伐倒，用来当作柴火或烧成炭。枹栎的果实就是我们熟悉的橡子。春天，成串开放的黄褐色小花，一束束地从树上垂下来。夏天，枹栎生长得青翠茂密，酝酿出杂木林的氛围。到了秋天，它的叶子会变成黄色和红色。枹栎作为园景树，树高一般被控制在5~6m，适合种在宽阔的地方。主干形和丛生形都值得一试。

疏花鹅耳枥

桦木科鹅耳枥属　　花期：4~5月　　10~15m

在日本，这种树的别称是"赤四手（Aka shide）"。因为从春天到初夏，这种树会开出许多外形类似铃兰的小白花，花儿向下垂挂的样子很像"纸垂"（一种在日本神社里用绳子悬挂起来的纸）。在日语中，"四手（shide）"和"纸垂（shide）"同音，并且它的新芽是红色的，因而得名"赤四手"。疏花鹅耳枥的树枝比较细，给人以轻盈的感觉。叶子近似卵形或椭圆形，略带黄色的鲜艳红叶，也是值得观赏的景致。疏花鹅耳枥生长快，抗病虫害的能力强，对于那些希望不用花太多精力就能享受杂木自然风情的人来说，这种树是非常理想的选择。疏花鹅耳枥适宜种植在全日照或半阴的地方。

大果山胡椒

樟科山胡椒属　　花期：4~6月　　~5m

大果山胡椒是丛生形树木，树干直立挺拔，树枝在上方伸展开。它的树皮是灰色的，叶柄泛红，从春天到初夏，绽放的小黄花非常秀气别致，观赏价值很高。叶子近似菱形，到了秋天会变成黄色。它那像红豆一样的红色小果实也富有情趣。即使在冬天，大果山胡椒树枝上也留有很多枯叶，可以起到稍微遮挡住邻居家视线的作用。大果山胡椒的野生群落自然分布于湿度大的地方，并且具有很强的抗寒性，所以在露天就能过冬。除了全阴外，在其他环境下都可以生长得很好。

水榆花楸

蔷薇科花楸属　　花期：5~6月　　~15m

水榆花楸的树干纤细高挑，繁茂的树枝在上方展开。棕褐色带有白色纹路的树皮，给人清新的感觉。春天，树上会盛开许多形状似梨花的白色小花。因为花朵是衬在叶子上的，因此也可以从二楼欣赏这一美景。到了秋天，这种树会结出红豆大小、形状像梨或苹果的红色果实，所以在日本也得名"小豆梨"。叶子变黄并掉落下来后，成熟的果实通常会留在树枝上直到早春，因此有时会在冬天吸引找食物的野生鸟类前来。

夏椿　　落叶乔木

山茶科紫茎属　　花期：6~7 月　　10~15m

因为这种树在初夏会开出直径约 5cm、形似茶花的花朵，所以也被称作"夏山茶"或"假山茶"。夏椿的叶子细长，不像山茶花的叶子那样浓绿油亮，而是呈浅绿色。它的树皮泛红且光滑，枝叶舒展，长大后会形成一片树荫。即使随意布置在杂木庭院中，它也会成为突出的亮点。夏椿虽然属于山茶科，但是也会落叶。秋天，它那略带橙色的红叶非常迷人。夏椿喜好半阴的环境，但也可以种植在房子的东侧。

山胡椒　　落叶灌木

樟科山胡椒属　　花期：4 月　　3~5m

这种树在折断树枝或揉搓叶子的时候，会散发出像樟脑或菖蒲一样的芳香，所以在日本也得名"山香"。山胡椒的树皮呈灰褐色，光洁美丽。春天，树上会开出小花。到了秋天，根据气候条件，它的叶子会变成黄褐色或红棕色。在冬天，会有枯叶留在树上，并在春天掉落。山胡椒的果实是一个直径约 8mm 的球体，在秋天成熟后会变成黑色，与褐色的叶子相映成趣，营造出宁静的氛围。山胡椒这个树种，无论是种植在日式庭院还是西式庭院中，都能够与其风格相搭配。

深裂钓樟　　落叶灌木

樟科山胡椒属　　花期：4 月　　2~5m

深裂钓樟大多为丛生形。春天，它会长出青翠欲滴的叶子，开出黄色的小花。深裂钓樟的树枝发白，和大叶钓樟一样，会从树枝和树叶中散发出香气，在庭院门口就能闻到淡淡的芬芳。它的叶子在秋天变黄，果实直径约为 1cm。另外，它是一种坚固耐用的木材，可以用来制作手杖。深裂钓樟野生树种的数量正在减少，在东京都已经被列为濒危物种。它具有出色的抗寒和抗热性，并且不易生病虫害，因此非常推荐新手种植。

大叶钓樟　　落叶灌木

樟科山胡椒属　　花期：4 月　　2~5m

因为大叶钓樟幼树的表面会出现像文字一样的黑斑，所以这种树在日本也被叫作"黑文字"。在春天，它会开出淡黄色的花朵；到了秋天，能够结出直径 5~10mm，呈红色或黑褐色且具有光泽的果实。从它的枝叶提炼出的"黑文字油"，是一种优质的香料。由于大叶钓樟具有好闻的香气，因此它也是制作筷子和牙签，以及日式点心配套签子的上好材料。大叶钓樟黄褐色的秋叶能够酝酿出宁静而优雅的氛围。另外，它适宜种植在半阴处。

常 绿 树

常绿树是一年四季都长着绿叶，冬季也不掉叶的树。文中给出的高度，是每种树在自然状态下树高的估计值。栽种在一般的庭院后，常绿乔木和小乔木能够长到3~5m。常绿树的叶子呈深绿色，和落叶树相比显得更茂密一些。在杂木庭院中，常绿树一般不会孤植，是遮挡来自街道和邻居家的视线必不可少的植材。另外，在浅色树叶的杂木中，常绿树的深绿色也可以作为一种点缀。

 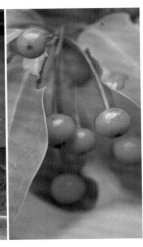

具柄冬青 `常绿乔木`

冬青科冬青属　花期：6月　5~10m

具柄冬青在日本亦得名"披拂"，这个名字源自它被风吹拂轻轻摆动的样子。具柄冬青在初夏时会开出直径约2mm的小白花；秋冬时节，树枝上会垂下直径7~8mm的红色球形果实。由于它的树枝几乎不会横向生长，因此适用于狭窄的土地，经过适当修剪，就能够展现亭亭玉立的样子。此外，它的叶子偏硬，全年都能保持绿色的光泽，非常适用于装饰冬季里的杂木庭院。它的抗寒性在所有常绿树中也是数一数二的。

月桂 `常绿小乔木`

樟科月桂属　花期：4~5月　10~18m

月桂树的叶子呈细长的椭圆形，颜色是深绿色。叶片干燥后，香气增强，甜味也会增加，是我们熟悉的做炖菜等料理时所需的香料。月桂树分雄树和雌树。在春天，两种树都会开出略带白色的黄色小花，而雌树在开花后会结出果实，果实在秋天成熟并变成深紫色。修剪整齐的月桂可用作漂亮的树篱。它适宜在排水良好的向阳处栽种。此外，它的树枝不会横向伸展，而会向上生长，因此也可以在狭窄的地方栽种。

金叶红淡比 `常绿小乔木`

山茶科红淡比属　花期：4~5月　~10m

在日本，红淡比是种植在神社中用于供奉神明的树。金叶红淡比是其带有斑纹的品种。它的叶子长约10cm，呈细长状，深绿色的叶面上带有浅奶油色的斑纹，也有的斑纹发红，种植在全阴处可以提亮周围的环境。它的树形为圆锥形，修剪后可以用作围挡或树篱。金叶红淡比在初夏会开出白色的小花；到了秋天，果实成熟后会变成黑紫色。金叶红淡比的生命力很旺盛，但是要避免种植在有强风的地方。

木犀榄

常绿小乔木

木犀科木犀榄属　花期：5~7月　2~7m

木犀榄俗称油橄榄，它除了用作园景树，还有多种用途。它的果实不仅可以吃，还是橄榄油的原料。我们熟知的奥运会冠军头上戴的花环，就是用橄榄枝编织的，橄榄枝还是和平与丰收的象征。木犀榄在初夏会开出白色的花，花香沁人心脾。如果想要观赏它的花朵和果实，就不要修剪得太多。木犀榄在南欧风情的花园里较为常见，但在杂木庭院里也可以栽种它，像其他常绿树那样作为装饰或起到遮挡视线的作用。种植两个品种比种植一个品种更容易结出果实。

小叶青冈

常绿乔木

壳斗科青冈属　花期：4~5月　~20m

小叶青冈树干的直径能长到80cm左右。因为它属于橡木一类，并且树枝和树叶的背面发白，所以在日本又被叫作"白樫（白橡木）"。叶片长成后，呈油亮的深绿色。在日本的关东地区，它通常会和榉树种植在一起，作为屋敷林（围绕宅邸的树群）。现在也被种植在田地周围，起到防风、防尘和防火的作用。春天，树上会开出稻穗模样的浅黄绿色花朵；到了秋天，就结出橡子来。它也可以用作相对较高的树篱来隔绝暑气。

台湾含笑

常绿乔木

木兰科含笑属　花期：3~4月　15~20m

这种树是在木兰科中很少见的常绿树。在日本也被称为"招灵树（**オガタマ**）"或"常磐辛夷"。至于名称的由来，有许多说法。一说是因为人们会将它的枝叶供奉在神明面前，所以日文名"**オガタマ**"是由「招灵（**オギタマ**）」转换而来的。还有说法是说，"**オガタマ**"是「小香玉（**オガタマ**）」「拜魂（**オガミタマ**）」的转音。在日本，它产自关东以西的温暖地带，生命力旺盛。台湾含笑会在春天开花，但叶子并不茂密、醒目。左图是酒香含笑，原产于中国，一般能长到4~5m左右。

山矾

常绿小乔木

山矾科山矾属　花期：5~6月　4~7m

在日本这种树被叫作灰木，是因为人们会将它烧成灰，然后用它的灰烬进行染色。因为它生长缓慢，所以木材很致密，是制作筷子的好材料。乍一看，纤细秀气的树形很像落叶树。从春季到初夏，有许多小白花盛开在枝头，多到把叶子都挡住了，让整棵树看上去发亮。花期结束后，会结出卵形的果实；到了秋天，果实变成黑紫色就成熟了。它适合种植在半阴处或不受西晒，只在上午有日光照射的地方。

檵木

金缕梅科檵木属　花期：4~5月　4~6m

这种树在日本被叫作"常盘万作"，因为它是常绿树，并且开出的花带有像万作（金缕梅）那样的细长花瓣而得名。但它们并不同属，并且植株不如"万作（金缕梅）"大。檵木原产于日本本州、九州，以及中国和印度。在日本，它是一种很受人们喜爱的园景树，适宜在关东以西的地区种植。檵木会开出一簇簇白色泛青的花，高峰期花朵会覆盖整棵树。有的品种会在秋天开花，也有开红花、叶子泛红的树种。

常绿乔木

香港四照花

山茱萸科山茱萸属　花期：5~6月　5~6m

香港四照花是近年来比较流行的相对较新的树种。与日本四照花不同，香港四照花的树叶在冬天也不会掉落。它在初夏会开出许多白色的花，与绿油油的叶子形成的鲜明对比，令人着迷。香港四照花开出的花比日本四照花小，花开满树的样子如雪似云，美不胜收。到了秋天，枝头上悬挂着像樱桃一样的红色果实，适合观赏，也可以食用。天气转冷时，叶子变成紫铜色，酝酿出静谧的氛围。它可以抵抗 −5℃ 左右的寒冷。

灌 木 类

文中给出的高度，是每种树在自然状态下树高的估计值。栽种在一般的庭院后，能长到 0.5~1.5m 的树木，就算灌木。灌木类树木也分落叶和常绿两种。在杂木庭院中，将它们种植在杂木的根部附近，可以呈现丰茂的感觉。如果栽种在多棵树木之间，则可以营造出郁郁葱葱的氛围。但是如果种得太多，则会给人拥挤的感觉，所以在选择灌木时，要注意保持整个庭院的均衡感。

松田山梅花

落叶灌木

虎耳草科山梅花属　花期：5~7月　~2m

这种树之所以叫这个名字，是因为开出的花很像梅花。从初夏到夏季，树上会绽放许多纯洁无垢的白花。松田山梅花本来是山中野生的植物，但长久以来，一直作为园景树和花道的花材受到人们的青睐。其中有一些品种，花香特别浓。大量开花时，放任不管也是可以的，但是这时树上会生出许多分枝，拥挤的树枝容易破坏树形，因此需要进行修剪，来让整个树的造型整齐美观。

白鹃梅

蔷薇科白鹃梅属　　花期：4~5 月　　2~4m

落叶灌木

这种树是日本茶室插花的素材之一，所以人们就以茶道宗师"千利休"的名字为其命名，因此在日本它也被叫作"利休梅"。由于白鹃梅的丛生形植株会伸展得很大，所以种植时要使用支架固定，直到生根为止。它会在花期开出很多直径 3~4cm、状似梅花的白花。由于白鹃梅开花和发芽是在同一时期，因此可以同时欣赏到新绿和白花构成的柔和色调。它适合种植在日照充足，并且兼具良好的储水和排水能力的肥沃土壤中。

菱叶杜鹃

杜鹃花科杜鹃花属　　花期：3~5 月　　2~4m

落叶灌木

在杜鹃花属中，菱叶杜鹃是一个开花比较早的品种。它会开出紫红色的花，并长出许多条细枝。开花后，树枝上会长出带有三片复叶的深绿色叶子，且三片复叶均衡地朝三个方向伸展。到了秋天，它的叶子会变成红棕色和黄棕色。杜鹃花属的植物，在花开后应该进行修剪，但菱叶杜鹃会长许多细枝，本身的树形就很秀丽别致，所以不修剪也没有问题。菱叶杜鹃具有出色的耐寒性和耐热性。另外，它的花有 5 个雄蕊，但是有的同科属植株会长出 10 个雄蕊。

少花蜡瓣花

金缕梅科蜡瓣花属　　花期：3~4 月　　1~3m

落叶灌木

在日本，这种树野生在本州中部至近畿北部一带，虽然它在日本被叫作"日向水木"（日向是宫崎县的旧国名），但在九州并没有这种树的野生群落（宫崎县位于九州东南部）。它作为园景树或树篱，都有不俗的效果，因此受到人们的青睐。与穗序蜡瓣花相比，少花蜡瓣花的植株较小，树枝也更细，适合群植。在叶子发芽前，它的枝头会挂满一簇簇的花，一簇上有两到三朵浅黄色的小花。如果通风不良，很可能会发生病虫害，所以需要定期修剪以保证通风；但是因为少花蜡瓣花是丛生形的，并且许多树枝朝横向伸展，本身自然的树形就漂亮，所以把个别分枝修剪掉就可以了。

蜡瓣花

金缕梅科蜡瓣花属　　花期：3~4 月　　2~5m

落叶灌木

因为这种树多生长在高知县（土佐），所以在日本也被称作"土佐水木"。它的叶子基本上呈圆形，并略带卵形，树叶背面有些发白。从早春到春季，在叶子长出来之前，会从树枝垂下成串的花朵，一串上大概有 5~7 朵浅黄色的花。花期过后结出果实，果实从下面裂开就是成熟了。到了秋天，叶子会变成带有黄色的红叶。喜阳，但也可以种植在半阴处。不适合在北海道和日本东北部等寒冷地区种植。

泽八绣球

虎耳草科绣球属　花期：6~8 月　~2m

落叶灌木

在日本，这种树也被称作"泽紫阳花"，野生群落分布于山里的溪边和河边。它的植株比一般的绣球花纤细，小小的花朵在浅绿色叶子的衬托下，煞是好看。花的颜色或形状，会因地域的不同而变得丰富多样。泽八绣球的花有白色、蓝紫色和红色等颜色，每种都给人清新的感觉。它喜好略微湿润的环境，在盛夏阳光的曝晒下会烧叶，所以最好将其种植在半阴处或透光的全阴环境下。过了 7 月就应该停止修剪，以便 8 月以后发出的芽能够成长起来，并在来年开花。

细梗溲疏

虎耳草科溲疏属　花期：4~5 月　~1m

落叶灌木

在日本，它被称为"姬空木"，因其不会长得很大，并且树干是空心的而得此名。细梗溲疏的树枝朝横向伸展，叶子呈细长的椭圆形。它会开出一簇簇的白花，花簇像麦穗一样略微向下低垂。花开败之后，它的茎会垂下来，在地面朝横向匍匐生长。细梗溲疏的树形很整齐，容易与周围的植物搭配组合。与它秀气的外观恰恰相反，细梗溲疏其实是一种生命力很旺盛的植物，并且抗病虫害的能力特别强。

毛樱桃

蔷薇科樱属　花期：4 月　1~3m

落叶灌木

毛樱桃在春天叶子打开的时候，会开出直径约 2cm 的白色或浅粉色的花。在初夏，会结出约 1cm 的红色或白色的果实。它的红色果实长得很像樱桃，观赏起来令人赏心悦目。它的果实可以直接生吃，也可以酿成果酒。树枝几乎不会朝横向延伸，因此在很小的空间中也可以栽种。尽管它结实耐寒，但如果日照条件不好，就不会结出太多的果实，因此应该将其种在日照充足的地方。

金丝桃

藤黄科金丝桃属　花期：6~7 月　~1m

落叶灌木

在日本，金丝桃也被叫作"美容柳"或"美女柳"。它的叶子很像柳叶，在春天会开出黄色的花。花的直径有 5cm，花瓣有五片，花朵朝上开放。略微卷曲的雄蕊也呈亮黄色，与绿色叶子相互映衬，构成了一幅美妙的图画。金丝桃的果实是红色的，成熟后会变成红里透黑的颜色。到了秋天，叶子变成红棕色，那迷人的景致，无论与日式庭院还是西式庭院都很搭配。尽管它既耐寒又耐热，但是如果种在高温潮湿的环境中，则需要定期修剪来防止病虫害的发生。

日本木瓜 落叶灌木

蔷薇科木瓜属　花期：3~4月　0.3~1m

因为它形似皱皮木瓜，并且植株像草一样低，所以在日本也被叫作"草木瓜"。早春，在带刺的树枝一侧，会开出 3~5 朵花，花有五片花瓣，有橙色、红色和白色等品种。到了秋天，它会结出直径约 3cm 的球形果实，果实会从黄绿色逐渐变成黄色，气味类似苹果的香气，可食用且味道酸。另外，如果将果实用水焯 5~6 分钟并放在太阳下晒干，然后煎煮服下，可以止咳利尿。日本木瓜也是一个喜阳的树种。

鸡麻 落叶灌木

蔷薇科鸡麻属　花期：4~5月　1~2m

鸡麻的生长速度很快，树干呈丛生形。叶子是细长的卵形，在春天，会开出直径 3~4cm 的纯白色花朵。花的后面长着四个红色果实，当它们成熟时，会变成黑色，有时会残留到来年的春天。绿叶和纯白色的花之间的对比非常亮眼。鸡麻的野生树种已经被日本列为国家濒危物种，但市面上也有人工培育的普通园艺树种。鸡麻的花类似于棣棠的花，但棣棠的花有 5 个花瓣，而鸡麻的花有 4 个花瓣。另外，鸡麻喜好向阳或半阴的环境。

壮美鼠刺 落叶灌木

虎耳草科鼠刺属　花期：5~6月　1~2m

壮美鼠刺长大后呈丛生形，作为园景树和树篱都有不俗的效果，因此受到人们的青睐。在初夏，树上会开出一串串穗状的小花，泛红的花梗和花托为白色的花瓣增色不少。从花中飘出的淡淡清香也沁人心脾。它的叶子是前端尖细的椭圆形，秋初时节，叶子变成橙色，接着变成红棕色，最后变成深红紫色。壮美鼠刺有很强的抗病虫害能力，适合种植在向阳或半阴处。

麻叶绣线菊 落叶灌木

蔷薇科绣线菊属　花期：4~5月　~1.5m

这种树会开出一团团的白花，直径约 7mm 的白色花朵聚成一团，很像手鞠球的样子，所以它在日本也被叫作"小手球"。即使花儿聚成一团，直径也只有大约 3cm，呈现洁白无瑕、清新自然的氛围。麻叶绣线菊的树枝很细，长到一定程度后会向下弯垂。花期顶峰时，整个树枝上都开满了小花，甚至连枝叶都会被完全挡住。在日本，从江户时代开始，人们就会栽培麻叶绣线菊用作观赏。当植株长大变老后，可进行修剪以改善通风和日照条件。这种树结实好养，移植起来也很容易。

大叶醉鱼草

马钱科醉鱼草属　花期：5~10月　3~5m

这种树呈丛生形，横向伸展生长。醉鱼草的品种很多，但一般说到醉鱼草，指的就是大叶醉鱼草。它那穗状密生的花，特别像多花紫藤的花，所以在日本亦得名"房藤空木"。花有淡紫色、紫红色和白色等品种，可谓绚丽多彩。最近市面上还出现了开黄花的品种。因为它的花散发出香甜的气味，能够吸引蝴蝶，所以它的英文俗名叫作"Butterfly bush（蝴蝶灌木）"。大叶醉鱼草开花的量很大，花季顶峰时的景色令人惊艳。另外，大叶醉鱼草在温带地区是常绿的。

落叶，半常绿灌木

三桠乌药

樟科山胡椒属　花期：3~4月　2~6m

这种树在日本也被叫作"檀香梅"，它在早春会开出黄色的小花。花的气味温和自然，是制作熏香和牙签的好材料。过去，人们也曾经从它的种子中提取油来制作发油。三桠乌药的树枝很细，树干呈丛生形，在野外的环境中，植株长得会稍大一些，叶子大多为三出脉。尽管它和大果山胡椒是同科属，但三桠乌药开出的花朵更大一些。它会结出直径约8mm的球形果实。到了秋天，果实成熟后会从红色变成黑紫色。另外到了秋天，它的叶子会变成黄色。

落叶灌木

香橙

芸香科柑橘属　花期：3~5月　3~5m

香橙也被叫作"花柚"或"日本柚子"。它的树干挺拔，树枝有刺。早春，会开出白色的花，庭院里花香四溢，令人心醉。到了秋天，会结出黄色的果实，这种果实香气比柚子稍淡，可以食用，也可以一直留在树上观赏。作为柑橘类植物，香橙具有很强的抗寒性，可以在日本东北地区的南部以南种植。在冬季最低温度约为0℃的东京都内种植也没有问题；但如果在寒冷地区种植，应该做好防霜冻的措施。

常绿灌木

香桃木

桃金娘科香桃木属　花期：6~7月　2~3m

这种树原产于地中海地区，在日本也被叫作"银梅花"。由于叶子会散发出怡人的香气，因此也得名"银香梅"。它的叶子也是一种香料，人们在做肉类菜肴时，有时会用它来去腥。初夏，香桃木会开出白色的小花，前端黄色的雄蕊呈一根根线状伸展散开，比花瓣还醒目。花开满树的样子，就像树上带了一顶"棉帽子"（棉帽子是指日本婚礼上新娘戴的帽子）。花期过后，树上会结出小小的果实，到了秋天果实变成黑青色，散发出果香，可以食用。

常绿灌木

小叶石斑木

常绿灌木

蔷薇科石斑木属　花期：4~5月　3~5m

小叶石斑木的日本名称为"姬车轮梅"，这种树的叶子比厚叶石斑木的叶子要小，因而得此名（日语里，"姬"即有"小、可爱"的意思）。在初夏，它会结出直径约1cm的球形果实；到了秋天，果实成熟，人们可以观赏果实从青紫到黑紫的变化过程。尽管小叶石斑木是一种常绿树，但在寒冷地区，它的叶子也可能会变成红棕色。与厚叶石斑木一样，它抵抗空气污染、盐害的能力很强，并且耐修剪，因此可以种在路边或用作绿篱。

厚叶石斑木

常绿灌木

蔷薇科石斑木属　花期：4~6月　~5m

这种树在日本也叫作"车轮梅"。之所以得此名，是因为它的花形似梅花；并且在春天，叶片以轮状紧密地排列，看起来就像一个车轮。它还有"浜木香"等别名。野生群落分布于东亚地区的海岸附近。厚叶石斑木的叶子带有光泽，别致美观，是人们钟爱的一种园景树。从春天到初夏，它会开出白色或淡红色的花朵。到了秋天会结出果实，果实成熟后会变成深紫色。厚叶石斑木结实茁壮，抵御海风、烟害、干燥和空气污染的能力很强，因此可在面向街道的地方种植。它也有开红色花朵的品种。

荚蒾

落叶灌木

忍冬科荚蒾属　花期：5~6月　2~3m

荚蒾的野生群落分布于日本各地的山林原野中，同时也是人们青睐的一种园景树。它的叶子呈卵形，幼枝泛灰色，随着树龄的增长而变暗。在初夏会开出一簇簇的小白花，到了秋季会结出直径3~5mm的红色果实。果实带酸味，到了深秋即可食用，也可以用来制作果酒，还是野鸟们在冬季的食物。秋天，荚蒾的红叶也十分迷人。

六月雪

常绿灌木

茜草科白马骨属　花期：5~7月　~1m

六月雪的生长速度很快，密生着许多纤细的树枝。树形收敛整齐，无须修剪。在初夏，会开出直径不到1cm的白色或淡紫色的花。也有一些品种会开红色的花或重瓣的花，还有一些品种叶子上会带有斑纹。六月雪如果种植在日本西部的温暖地区，可能在入秋时节仍在开花；而如果种植在寒冷地区，它虽然是常绿树，但也会落叶。六月雪结实健壮，无须费心打理；耐修剪，因此也可以用来组成树篱。它适合种植在向阳处，但叶子上有斑纹的品种最好栽种在半阴处。

卫矛

落叶灌木

卫矛科卫矛属　花期：5~6 月　1~3m

在初夏，卫矛会开出一些直径 6~7mm 的浅绿色小花。此外，它那细细的树枝自然伸展，构成的树形优雅别致。因此，如果有足够的空间，就无须修剪。其嫩枝的颜色根据生长的地域而略有不同，在温暖地区为绿色，在寒冷地区为紫褐色。卫矛的秋叶有红色、黄色和紫色，可谓错杂缤纷。一般来说，卫矛都喜阳，但也可以在半阴条件下生长。

阴地杜鹃

常绿灌木

杜鹃花科杜鹃花属　花期：4~5 月　1~2m

这种树之所以叫作"阴地杜鹃"，是因为它多生长在日照条件不佳的地方，例如山地、山谷和多岩石的地区。到了春天，阴地杜鹃会开出淡黄色的花朵，这在杜鹃属的植物中很少见。两至四朵花并生于枝头，花的大小为 3~4cm。树皮为灰棕色或灰白色。叶子长 3~8cm，呈细长椭圆形，前端尖，深绿色，叶子背面为浅黄绿色，生有绒毛。阴地杜鹃不能经受强烈的西晒，所以适合种植在夏季里树影斑驳的地方。

林 下 草

造园时，种植在杂木的根部，以呈现自然风貌的这类草，就是林下草。种植林下草，可以让杂木看起来像是土生土长的一样。用作林下草的一般都是多年生植物，因此一旦栽种下去，就可以与树木一起，让园景长期保持下去。有些品种的林下草会开出漂亮的花，有的品种的叶子颜色和形状非常有特色。

阔叶山麦冬 / 金边阔叶山麦冬

多年草

百合科山麦冬属　花期：7~10 月　30~60cm

这种草在日本也被叫作"薮兰"。之所以得此名，是因为它生长在草丛中，并且样子很像兰花（薮有草丛、灌木丛的意思）。阔叶山麦冬的叶子宽约 1cm，呈长条状。从夏天到秋天这段时间，它的花茎伸展，并开出一穗穗浅紫色或白色的花。而从秋季到冬季的这段时间，它会结出许多黑紫色的果实。叶子两边都带有白色斑纹的金边阔叶山麦冬，种在墙根下或树荫处等庭院里暗淡的地方，可以提亮该处的色彩。但是，如果想让开出的花朵更加艳丽，则需要一定的亮度，因此应该避免种在太暗的地方。

桔梗

多年草

桔梗科桔梗属　花期：6~9 月　40cm~1.5m

在日本，桔梗是著名的"秋之七草"之一，并以作为日本盂兰盆节的供奉用花而闻名。（秋之七草指日本在秋季开花的有代表性的七种花卉。）从初夏到秋天，桔梗会开出星星状的蓝紫色花朵。也有花朵是白色、粉红色以及白色和蓝紫色相间的品种，还有带有双层花瓣的品种。开花前，绿色的花蕾像鼓鼓的气球，形状非常独特。桔梗的野生群落分布于山野间的向阳处，目前野生品种已经被指定为濒危物种。另外，它适宜在不受阳光直射的透光处种植。

玉簪

多年草

百合科玉簪属　花期：7~8 月　15cm~1.5m

玉簪有许多个品种，从叶子大小为 3~4cm 的小型植株，到叶子有 30cm 长的大型植株，类型相当丰富。玉簪喜好略微潮湿的地方，因此许多有全阴环境的庭院都会种植它。叶子周围带有白色斑纹的品种，为阴凉处增添了一抹亮色。另外，如果能够注意保持湿润，也可以栽种在向阳的地方。从初夏到仲夏，玉簪会开出白色、浅粉色或浅紫色等细长的花。玉簪生长在寒冷地区时，地面上的部分会在冬季枯萎，因此应该在地面覆盖腐叶土加以保护。

红盖鳞毛蕨

宿根草

鳞毛蕨科鳞毛蕨属　~50cm

红盖鳞毛蕨自然生长在草原、山林、路边等地方，这个名字一部分缘于其青翠的嫩叶上泛着的红色。红盖鳞毛蕨的叶子长约 50cm、宽约 20cm，但植株大小不一，这也是它的一个特点。叶子也有略带黄色或橙色的品种，将春天装点得缤纷绚丽。到了夏天温度迅速升高后，叶子则变成饱和度很高的绿色。红盖鳞毛蕨具有较强的耐热和耐湿性，并且喜好半阴凉处以及适度潮湿的土壤；但只要注意定时浇水，也可以种植在向阳处。

忘都草

多年草

菊科紫菀属　花期：4~6 月　20~70cm

忘都草是"深山嫁菜"的园艺品种，在日本也被叫作"野春菊"。据传说，当年承久之乱爆发，日本的顺德天皇之后被流放到佐渡岛。他在那里看到这种花后内心得到宽慰，从而忘记了对原来都城的思念，因此这种花得名"忘都草"。从春天到初夏的时节，忘都草会开出直径 3~4cm 的花朵，花有紫色、蓝色、白色和粉红色等各种颜色，可谓品种丰富。由于它抵挡不了夏季的炎热，且不耐旱，因此在土壤表层见干时就要充分地浇水。如果每四五年更改一次种植位置，则长势会更好。

紫斑风铃草

桔梗科风铃草属　花期：6~7月　40~80cm

紫斑风铃草是一种很受大众欢迎的野草，其野生的植株一般生长在草原和路边。它的茎直立生长，另外由于具有地下茎和匍匐枝，所以很容易繁殖。它的叶子呈近似三角形的卵形。在初夏，花茎伸展，并开出形状像铃铛的花朵。花长4~5cm，有粉色、浅紫色和白色等品种。它在日本也被叫作"萤袋"，据说因为过去孩子们会把萤火虫放入鼓鼓的花朵中玩耍，由此而得名。紫斑风铃草结实健壮且易于栽培，但稍微有些不耐热，因此应该种植在透光的树荫下。

及己

金粟兰科金粟兰属　花期：4~6月　30~60cm

及己在日本各地的山野间都有野生的植株。它在日本被叫作"二人静"。据说人们将这种植物的样子，比作"静御前（日本武士源义经的侧室）"的亡灵，和被这个亡灵附体的"菜摘女"两个人跳舞的舞姿，而给它取了这个名字。及己的叶长8~16cm，叶面无光泽。从春天到初夏，会开出穗状的花朵。它的近似品种银线草（一人静）的穗状花序有一根茎，而及己的穗状花序是两根茎并生的。如果生长条件良好，花穗可能会增加到3~4根。它在适度湿润的半阴环境下会生长得很好。

迷迭香

唇形科迷迭香属　花期：2~10月　~2m

迷迭香的英文名叫"rosemary"，这是由两个拉丁文单词"ros"和"marinus"演变来的，合起来的意思是"海之朝露"。
迷迭香是我们非常熟悉的香味上乘的香料，具有抗菌和抗氧化的作用，可用来给肉类菜肴调味或冲泡草本茶。迷迭香的叶子长约3cm，呈短棒形，深绿色。在叶柄与茎的连接处会开出浅紫色的花，花期顶峰时，花朵会覆盖整个树枝。有的品种匍匐在地面生长，从墙头或台阶垂下来，就像绿色的帘子。也有的品种，其树枝笔直地向上伸展，可以用作树篱。
迷迭香的抗干燥力强，喜欢向阳的地方。

铁筷子

毛茛科铁筷子属　花期：12~4月　30~60cm

铁筷子大致分为冬季开花的暗叶铁筷子和早春开花的东方铁筷子两种。暗叶铁筷子能够持续开花很长一段时间，适合在冬天为庭院增色。铁筷子的花直径1~5cm，花朵朝下开放，姿态谦逊质朴，有白色、粉红色、蓝色、红色、黄色等品种。铁筷子不喜好高温多湿的环境，它生长发育的时节是从秋天到春天，从梅雨季节到初秋则处于半休眠状态。因为它在冬天更喜欢阳光，在夏天更喜欢阴凉，所以将其种植在落叶树下是最合适的。东方铁筷子的园艺品种也很丰富。

铃兰

多年草和宿根草

天门冬科铃兰属　花期：4~5 月　15~30cm

铃兰会开出钟形的白色小花。花儿朝下开放，像一个个垂下的小铃铛，样子非常可爱。它的花香清新淡雅，植株随着地下茎横向蔓延。在日本，市面上流通的铃兰大多数不是产自日本，而是产自德国，其特征是叶子颜色较深，花朵也比日产的略大。另外，日本产的铃兰的花茎比叶子短，而德国产的铃兰的花茎比叶子长。还有一些叶子上带有斑纹（金边）的品种。铃兰花的颜色一般是白色，但也有粉红色和红色的。它不能抵御夏季的炎热，所以最好种植在杂木的根部附近。

口红白及

多年草

兰科白及属　花期：4~5 月　30~70cm

从春天到初夏的这段时节，口红白及会开出白色的花，并且只有花瓣的前端是紫红色的，就像涂了口红一样。口红白及是白及的一个变种。白及的同类变种繁多，但最多的是呈紫色（包括蓝紫色和浅蓝紫色等）的品种。而口红白及的植株比一般的白及要小一些，适合种植在杂木的根部附近等半阴处。它耐寒性强，即使在冬天也可以直接栽种在庭院里，但是如果每隔两到三年就进行移植、分株，则会生长得更好。

韩信草

多年草

唇形科黄芩属　花期：5~6 月　20~40cm

韩信草的茎微红，叶片呈长宽都为 1~2.5cm 的宽卵形，叶子顶部略带圆形。到了春天，会在茎的顶端长出 3~8cm 长的穗状花序，并开出蓝紫色、浅红紫色、淡紫色或白色等颜色的花。在日本，它被叫作"立浪草"。据说，之所以叫这个名字，是因为茎尖上的花穗看上去像海上翻卷的浪头；而花瓣的样子，会使人联想起岸边泛着泡沫的浪花。它也可用作地被植物覆盖在地面。韩信草不用费心照顾也能生长得很好，是很好打理的一种入门级别的野草。

百里香

多年生小灌木

唇形科百里香属　花期：4~6/9 月

百里香是一种香料，大多数品种是常绿的。枝条有向上伸展的直立型，也有在地下匍匐蔓延的匍匐型。百里香全年都能够采摘，可用来给肉类和鱼类料理调味，还可以泡成草药茶助消化。不过，孕妇应该避免在怀孕期间食用。由于百里香不喜高温多湿的条件，所以要在梅雨季节前采摘，并修剪掉三分之一左右。庭院中比较常用的是银斑百里香（普通百里香），而在日本山野中自生的地椒与百里香同属，也非常适合种植在杂木庭院中。

矾根　　　　　　　　　　常绿多年草

虎耳草科矾根属　　花期：5~7 月　　15~30cm

矾根也称珊瑚钟。在初夏，矾根长茎的顶端会开出穗状的红色或白色花朵。如果想要让花朵开得艳丽，则需要将它们种植在阳光充足的地方。如果想要作为林下草来观赏它的叶，也可以种在半阴的地方。另外，也有一些品种的叶子是明亮的琥珀色或柠檬绿色。矾根的耐寒能力强，即使在冬季，地上的部分枯萎，到了春季也会再度发芽。

山东万寿竹　　　　　　　　多年草

秋水仙科万寿竹属　　花期：4~6 月　　15~30cm

山东万寿竹的植株通过地下茎蔓延，并伸展出匍匐枝。叶子是椭圆形的，长 4~7cm。茎的前端会开出一两朵六瓣的白色小花。花瓣长度不到2cm，因其小巧可爱，在日本亦得名"稚儿百合"。花期过后，会结出小小的圆形果实，果实成熟后变成黑色。在冬季，地上茎枯萎，只剩下地下茎，但是第二年，会从地下茎中再次发出新芽。它喜好储水和排水能力好的土壤，建议将其种植在杂木的根部附近。另外，群植的景致会更加美观。

头花蓼　　　　　　　　　　多年草

蓼科蓼属　　花期：7~11 月　　5~10cm

头花蓼匍匐在地面上生长，在初夏到深秋的很长一段时间内都会开出形状像小手球一样的花。深绿色的叶子和粉红色的花朵之间对比鲜明，让人眼前一亮。头花蓼具有很强的繁殖力，并且耐热、耐寒、耐干，非常结实健壮，适合用作地被植物。不过需要对其进行适当修剪，以免影响其他草花的生长。头花蓼的原产地在中国的东部地区到喜马拉雅山脉一带。在日本，虽然被引入用作观赏植物，但在各地生长的野生品种也在不断进化发展。

春星韭　　　　　　　　　　多年草

百合科春星韭属　　花期：2~4 月　　10~20cm

如果撕下春星韭的叶子，散发出的气味闻起来很像韭菜。早春时分，春星韭会开出直径约 3cm 的花。6 片浅蓝紫色到白色渐变的花瓣叠加在一起，样子看起来像群植。也有一些品种的花朵是纯白色的。春星韭适合在杂木的根部进行群植。增加球根时，可以在秋天购买球根，并以5~10cm 的间隔栽种下去，再浅浅地覆盖一层薄土，能够盖住球根的顶部就可以。春星韭最初是作为园艺品种引入日本的，但是由于其繁殖力旺盛，所以在路边也可以看到一些野生品种。

红 叶

落叶阔叶树那绚丽的红叶，也是杂木庭院的一个看点。
在这里，为您介绍一些红叶绚丽夺目的树种。

鸡爪槭

在日本，它是槭树科槭属（枫树）中，最受人们欢迎的树种。

深裂钓樟

它的特点是叶子薄，呈浅黄色。形状像青蛙手和恐龙脚。到了秋天，叶子便染上了秋的色彩。

日本紫茎

它的秋叶呈深红色。地面上落叶缤纷的景致也分外迷人。

紫花槭

它的叶子颜色丰富多变，每片叶子的颜色都不一样，甚至一片叶子上也会呈现渐变的色彩。

第 3 篇　自己动手打理杂木

本篇为您介绍打理庭院时应该掌握的施肥、修剪、病虫害防治等重点知识，从而让您家的杂木庭院能够一直拥有美不胜收的景致。

打理庭院的基础工作是除草、修剪和病虫害防治

杂木庭院的管理无须巨细靡遗，但仍需要采取一些措施来保证树木和花朵能够在舒适的环境下健康、茁壮地生长。

杂木和林下草等栽种下一段时间后，有些会适应环境，长得比预期要好；有些则会生长得差一些。在这种情况下，需要根据庭院的氛围或风格，挖出一些太过茂盛的植物移栽到其他地方；或将周围的植物砍掉，来帮助长势较弱的植物生长。

每个季节打理庭院时应该做的基础工作，都总结在下面的表中。

落叶树的生长期是从春季到秋季，休眠期在冬季。因此，应该在冬天"强力修剪"过大、过长的树枝。

常绿树的栽种或移植最好在春季到初夏或秋季进行，而落叶树的栽种或移植最好选择在冬季进行。

从春季到夏季，应该做好除草和病虫害防治的工作。另外，应该定期除草，以及修剪植物过于繁茂的部分，来改善通风条件。如果环境持续干燥，则需要浇水。

关于林下草，秋天开花的，应该在春天播种；春天开花的，应该在秋天播种。掌握了这些要点，打理杂木庭院就绝非难事。

大规模翻新或重建庭院，至少要在5~10年后。

随着时间的推移，有的树会长得比最初预计的大，有的林下草也会长得过于茂密。此外，随着年龄的增长，家庭成员的生活方式也在改变。您可能会由于体力下降，而无法像以前一样打理庭院；或者您的孩子长大了，不再在草坪庭院里玩耍。

因此，应该对庭院进行改建，以应对植物的状态和家庭生活发生的变化，考虑什么样的庭院最适合现在的生活方式，从而决定保留哪些植物。

杂木庭院的季节性管理措施

季节	树木的管理措施	其他植栽的管理措施
春季 SPRING	● **预防病虫害** 春季是万物复苏的时节。仔细观察树叶和树枝，如果发现病虫害，应该采取喷洒木醋液等措施，尽早将其去除。 ● **栽种及移植常绿树** 常绿树的种植，建议选在春季或秋季，避开夏季和冬季。 ● **繁殖常绿树** 常绿树的繁殖（扦插或分株），主要是在春天到梅雨季这段时期进行。	● **播种** 为秋天开花的植物播种。 ● **除草** 杂草开始生长，所以应该尽快清除没有用的杂草。 ● **剪残花** 摘除已经凋谢的花朵。 ● **给草坪施肥** 施加含有氮、磷酸盐、钾和钙的肥料。
夏季 SUMMER	● **浇水** 雨水不足的时候，应该在早晨或傍晚充分浇灌。 ● **修剪** 在初夏，应该适度剪枝来改善通风。但是，如果是热浪持续的盛夏，则应该降低修剪的频率。 ● **治理病虫害** 如果发现病虫害，应该采取喷洒木醋液等措施，尽快将其除去。	● **防晒** 有些林下草等植物需要避开强烈阳光的照射，这时可以用竹帘或遮光罩遮挡，或将其移植在花盆中并移至阴凉处。
秋季 AUTUMN	● **常绿树的栽种及移植** 常绿树的种植，建议选在春季或秋季，避开夏季和冬季。 ● **修剪** 修剪常绿树的最佳时机是秋季。大强度（大规模）修剪落叶树的最佳时机是冬季，但在秋季也可以进行。 ● **处理落叶** 在城市中，落叶可能会妨碍到附近居民的生活，所以应该将掉在街道上的树叶清除干净。还可以使用堆肥的方法，将落叶做成腐叶土。	● **播种** 为春天开花的植物播种。
冬季 WINTER	● **栽种及移植落叶树** 落叶树的种植，建议选在冬季休眠期。 ● **修剪落叶树** 落叶树适合在冬季休眠期间，进行大强度（大规模）的修剪。 ● **防寒** 在寒冷地区，应该采取防霜冻等措施。 ● **冬肥** 给落叶树施加一些有机肥料。 ● **繁殖落叶树** 落叶树的繁殖（扦插或分株），主要是在冬季这段时期进行。	● **改良土壤** 最好在冬季进行土壤改良。

〔 树苗的
选择和栽种 〕

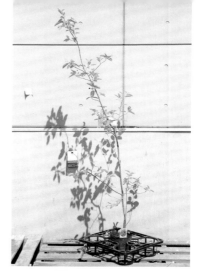

挖一个比根钵大的树坑，抓着根部附近，将树放在坑里，规划好朝向后，将其直立放置。植物通常按照乔木、中等木、灌木和林下草的顺序种植。

确保根系略高于地面，并回填一半的土壤。这时，浇一次水将其稳定，然后将剩余的土回填进去。接着在树坑周围，把土堆高做成水坑，然后浇灌大量的水。

上图是加拿大唐棣，下图是光枝柳叶忍冬。挑选树苗时，应该选择枝干粗壮、有光泽，叶片颜色较深的植株。另外，应该先规划好种植地点，然后按照规划，寻找树枝的伸展方向符合要求的植株。

检查土壤状况，必要时进行土壤改良

种植植物前，应该先检查土壤的情况。兼具良好的储水和排水能力的土壤更适宜栽种植物。触摸或按压有松软的感觉，浇上水浸透时水容易排出；之后握紧土壤并充分弄湿时水容易存留，就是好的土壤。

相反地，如果从上方触摸或按压时土壤不塌陷，在加水时土壤变黏稠，干燥后硬化结块，则需要对土壤进行改良。应该将腐叶土或堆肥混合到庭院的土壤中，并充分地耕锄。

选择树干粗壮的健康树苗

购买树苗时，要选择健康有生气的。理想的树苗是树干粗壮、有光泽，叶子颜色不会太浅，并长有许多大而牢固的芽。应该避免选择有虬枝枯叶的树苗。

挑选植株或树苗时，选择在山里生长，或者即使在田间栽培，也不是左右均衡，而是向一侧倾斜等不平衡的植株，会令庭院呈现质朴自然的风格。如上图所示，利用树枝原本的姿态，将树枝倾斜的树苗种植在靠近墙壁等地方时，它们会朝一个方向生长。

一边浇水，一边让树苗与土壤紧密结合

种植树苗时，先挖一个比根钵更大的坑，然后把堆肥放在坑的底部，并与庭院中的土壤充分混合。如果是盆栽苗，要先将其移出来；如果是包根苗，那么直接种植下去就可以。

大约回填一半的土壤后，便浇入大量的水，同时用木棍等工具搅拌，然后再一边加水一边回填。

最后，在树坑周围堆起一个大约10cm高的"水坑"，以便有效地浇灌。树苗生根后，就可以把水坑铲掉。

〔 杂木的 施肥和浇水 〕

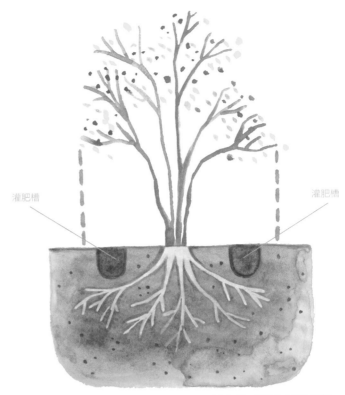

灌肥槽   灌肥槽

树根的前端会伸展出吸收土壤养分的细根。以树枝前端为基准，在其正下方稍微往内的地方挖一圈坑，然后在里面填埋肥料。

夏天或栽种后都必须浇水

　　杂木由于叶片薄而柔软，所以禁不起日晒。因此，特别是在夏天，很容易损伤。如果此时有枝叶枯萎的现象，则可能是因为缺水，因此每周要充分浇灌至少 2~3 次，以降低杂木枝叶和林下草的温度。另外，在晚上用水轻轻地喷洒树叶，也会让树木恢复活力。

　　除了在夏天以外，种植空间很小，雨水少，以及栽种或移植不到一年的情况下，也都应该注意要按时浇水。

施加少量有机肥等肥料

　　在庭院中种植杂木时，要施加有机肥料等基肥。

　　有机肥料是由堆肥、菜籽油等油渣、鱼粉、骨粉、鸡粪、酒糟等有机质，即天然材料制成的肥料。由于土壤中的微生物会缓慢地将其分解成可被植物吸收的形态，因此肥效会持续很长时间。

　　此后，应该在杂木生长的春季和结果的秋季进行追肥。但是，如果肥料的量过大，或者肥料所含的养分过多，将会产生"徒长"（树枝过度发育）的现象。因此，应少量施加所含氮、磷酸盐和钾的配比均衡且肥力不会太强的肥料。此外，树木较虚弱时也要避免施肥。

　　每年冬天，应该给植物施加"冬肥"，以帮助来年春季的生长。树木会在每年 2~3 月发出新芽，因此"冬肥"应该在 1 月底之前，即树木休眠期的这段时间施加。

　　施肥的时候，除了施在树根，施加在根尖附近也会有很好的效果。和树枝向上伸展一样，树根也会向地下蔓延。通常，根部会延伸得与树枝一样长。因此，可以在树的周围挖出约20cm深的凹槽，并在里面填埋肥料。

修剪和控制植株生长

对生枝

对生枝也叫贯通枝，它是从同一高度，像是贯穿树干一样，左右对称地朝两个相反的方向延伸的树枝。因为对生枝会破坏树形，所以要选择一边剪掉。

徒长枝

徒长枝是一种突兀地支出来，"节间（茎的节与节之间的部分）"过长的树枝。因为徒长枝会破坏树形，所以需要修剪掉。

胸枝

胸枝也叫闷心枝。它是贴近树干，在树冠内部长出的树枝。只需修剪掉影响阳光和通风以及虚弱的部分。对于杂木来说，有时会将过长的树枝从根部整个剪断，而让树冠内部其他的小树枝伸展。

直立枝

直立枝是从横向生长的树枝上长出的直立状树枝。它会与其他树枝交叉，从而破坏树形。

枯枝

枯枝是遭受了病虫害的树枝，它会破坏树形，并有被风折断的危险。所以应该修剪掉没有叶子的枯萎部分。

要 点

可以保留一部分忌枝

阻碍树木生长的树枝被称为"忌枝"，对于一般的园景树来说，建议修剪掉它们。但是，如果是庭院里的杂木，虽然是忌枝，也可以在无伤大雅的前提下保留一些。您可以阅读这里的插图说明，衡量整个庭院和树姿，从而进行判断。

修剪时要保持自然的树形，而不是"一刀切"式地修剪

说到修剪树木，可能很多人联想到的是日式庭院里修剪得很整齐的松树，或是剪得平平整整、排成一条直线的树篱。但是，杂木不能修剪成有人为加工痕迹的"一刀切"式的树形，而是应该保持原始的树形，让人看不出来修剪的痕迹。这种自然的状态是最理想的。

虽说杂木修剪起来比较困难，但是如果掌握了方法，个人也是可以在一定程度上实现的。当树枝伸展出来妨碍了行进，或者想要露出的树干被挡住了，或者阳光或风无法通过的时候，请尝试自己修剪一下吧。

通常，在树木抽枝发芽的时节和盂兰盆节期间，可以只去掉一点枝叶，进行轻度修剪。另外在冬天，树枝处于休眠期不再生长，此时可以进行"大刀阔斧"的大规模修剪。

逆枝

逆枝是一种延伸方向与该树种树枝本身自然走向相反的树枝，通常需要修剪掉，但对于杂木来说，逆枝可以表现出野趣，所以可以留下一些别致美观的逆枝。

干生枝

干生枝是直接从主干中间延伸出来的细树枝。这些树枝通常生长得不好，并且会破坏树形，阻止其他树枝获取营养。特别是对于要展示树干的杂木来说，将其移除会更美观。

平行枝

平行枝是一种以相同的长势，沿同一个方向平行延伸的树枝。平行枝会破坏树形，通常需要修剪掉。但对于杂木来说，有时平行枝会酝酿出大自然的氛围，所以如果觉得美观也可以保留。

交叉枝

交叉枝是与其他树枝缠绕般交叉并延伸的树枝，又叫缠绕枝。通常需要修剪掉，但对于杂木来说，有时带有一些交叉枝会更美观，所以必要时可以保留。

下垂枝

下垂枝也叫下枝、落枝，通常需要修剪掉。但对于杂木来说，有时它可以增强自然原始之感，所以可以保留一些别致美观的下垂枝。

萌蘖

萌蘖也叫分蘖枝、孽生枝。它是从树干根部周围伸出的多余的细枝。萌蘖会破坏树形，令树木变得虚弱。但是，如果是本身就有多个树干的丛生形杂木，可以稍微保留一些萌蘖。

修剪灌木类植物的方法　和杂木相比，灌木类植物更容易修剪成自然的形态。

彻底修剪		展现自然形态的修剪	

彻底修剪时，先用手快速掠过灌木表面的树枝顶端一带。	然后，留下没有被触及的树枝，将它们露出来。同时将指尖触碰到的树枝，深深地剪掉。	抓住较长的树枝往下看，在根部附近有几个较小的树枝。	保留小树枝而剪去长树枝，切口就不会那么明显，通风效果也会更好。

〔 杂木庭院的 除草工作 〕

（上）红盖鳞毛蕨。蕨类植物非常适合用作阴凉处的林下草。

（左）覆盖了地面的无毛翠竹。矮竹类也可以当作地面植被使用。

手工拔除杂草
有时需要根据庭院的气氛或用途保留一些

"杂草"和"野草"之间的区别并不严格。平时只是被当作杂草的植物，也可以留在杂木庭院中，用来增强原始自然的氛围。只要没有挡住灌木和林下草，或干扰到阳光和通风，就无须强行将其清除。

哪些杂草适合栽种在杂木庭院呢？

能开出漂亮花朵的草花，例如欧亚香花芥（诸葛菜）、蓟、四翅月见草（待宵草）、绶草、柔毛打碗花、鸭跖草、长鬃蓼等，都适合栽种在杂木庭院中。

另外，一些可以观赏叶子的草类，比如喜阴的蕨类和喜阳的禾本科的草，也都适合栽种在杂木庭院中。其中一些像魁蒿、问荆（杉菜）和蜂斗菜等，还可以食用。

但是，如果杂草生长得过于茂盛，就会影响杂木和林下草的生长，所以需要进行除草。除草的基本方法可以是直接用手拔除，或者是用镰刀割除。另外，可以在想要铺设通路的地方，通过频繁行走和充分踏实来抑制杂草的生长。

还可以使用三合土、石板或防草布将土壤盖住，来阻止杂草生长。

还有一种措施是，在杂草过于茂盛的地方创造全阴的环境，从而抑制草的生长。这是一种通过补栽树木来创造树荫的方法，它花费的时间更少，效果更好。

繁缕、马齿苋等杂草具有很强的繁殖力，蔓延开来可以覆盖住地面。栽种这些草可以发挥地被植物的作用，美观地遮盖住地面，同时使其他杂草难以生长。

其他起到地被植物作用的植物还包括姬岩垂草、百里香、白车轴草，以及喜好半阴或全阴的吉祥草、剑叶沿阶草、一叶兰、蕨类植物和矮竹类。

〔 杂木的繁殖方法 〕

繁殖杂木的三种典型方法是播种、扦插和分株

对于一些喜欢绿植的人来说，繁殖植物也是他们的乐趣之一。实际上，杂木也是可以繁殖的。

繁殖杂木有三种典型的方法：直接"播种"；将短枝切下插到土壤里的"扦插"；将丛生形的树木从根部分成几份的"分株"。

播种繁殖的时候，首先要采集种子。

人们最为熟悉的，是被称为橡子的麻栎或枪栎的种子。在 11 月至 12 月的时候，收集这些掉落的种子并储存起来，储存时注意不要让其干燥，然后在 3 月至 4 月播种。

对于樱花树，要在果实成熟之前取出种子，然后在 9 月播种。对于枫树，要在 10 月左右收集成熟的种子，然后放在阴凉处晾干，混入沙子中储存起来，之后在 3 月播种。

播种时，注意不要让种子集中在一起。播下种子后，应该薄薄地覆盖上一层土，然后等待它发芽。还可以盖上落叶等材料来防止干燥。

扦插时，应该挑选健康苗壮的树枝，斜着切下超过 10cm 的长度，然后将其放在水里 1 小时以上。接着，将每根树枝保持一定间隔地插入扦插用的土壤中。之后，浇上水并放在阴凉且背风的地方，放在敞亮的窗边也可以。生根后，就将其重新移植到庭院中。

扦插枫树的时候，应该在 1 月至 2 月期间切下树枝，将其放入塑料袋中，并放到冰箱里保存，然后在 3 月至 4 月插入土壤中。欧洲小花楸的扦插则应该在 3 月至 4 月进行。

繁殖欧洲小花楸的时候，虽然直接播种也可以，但是采用扦插的好处在于可以缩短生长时间，效率更高。

对于从根部生出多个树干的丛生形树木，可以实行分株繁殖。用铲子把植株挖出来，清除掉上面的土，用锯或园艺用大剪刀将植株分开。例如，在梅雨季就可以对紫薇进行分株繁殖。

播种

在土里播下种子，播种时注意不要让种子集中在一起。然后从上方洒下薄土或落叶，把种子盖住。

扦插
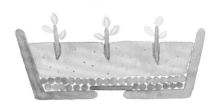
斜着切下 10cm 以上的树枝，并将其放入水中。之后，将它们保持一定间隔插入土壤中。

分株
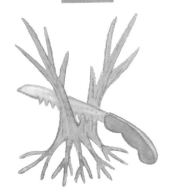
分株是一种将树木切开繁殖的方法。将丛生形的树用铲子挖出，把土清理干净之后，用锯子将其切开。

〈 病虫害的防治及对策 〉

白粉病

白粉病是最为普遍的一种侵害杂木的病害。发病时叶子上覆盖着白色粉末，真菌的孢子随风传播，妨害杂木的生长。对于枫树类等树木，应该经常进行修剪，并且在病情恶化之前，喷洒不会危害动物和害虫天敌的环保型农药，或稀释的醋、小苏打。

烟尘病

发病时，树叶、树枝和树干上会长出烟灰一样的黑色霉菌，妨害植株的健康生长。应该去除患病部位，并用水冲洗或大量喷洒环保型农药。霉菌会以介壳虫、蚜虫或粉虱的排泄物为养分而大量地传播扩散，因此，如果看到这些害虫，就要去除它们。

黑斑病

这种病害的症状是叶子上出现褐色或黑色的斑点，发病时期主要集中在多雨时节。应该在春季修剪拥挤的枝叶，并及时处理掉落的树叶。同时除去患病部位，喷洒不会危害动物和害虫天敌的环保型农药，以及可预防病害的市售植物保护溶液或木醋液。

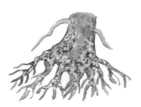

白纹羽病

这种病害的病原体是霉菌，发病时，白色菌丝体覆盖住植株的根系，阻碍其生长，导致根系腐烂。在杂木中，以枫树类和果树为首的树木尤其容易发生这种病症。应该使用不会危害动物和害虫天敌的环保型农药，或用温水灭菌，从而改善病情。

根癌病

发病时，树木与地面相接的部分或根部长出瘤子，然后变大变硬，妨害了植物的生长。这种病可能是由害虫食害所引起的。如果发生这种病害，应该在不损坏树根的前提下，将其移植到其他地方；或更换周围的土壤，以防止细菌侵入。

枝枯病（胴枯病）

这种病害主要发生在树枝和树干上，症状是褐色斑点逐渐覆盖树枝。应该采取预防措施，在夏季和冬季修剪枯死或拥挤的树枝，以确保充足的阳光和良好的通风。切除较粗的树枝后，要在切口处涂抹墨水等加以保护。病害发生时，要去除病枝和病叶，并喷洒不会危害动物和害虫天敌的环保型农药。

进行日常护理，提前预防重大损害

在洋溢着大自然气息的杂木庭院中，不要完全驱除昆虫和病原体，而是要在不影响植物生长的前提下，实现生物的"共存共荣"。

应对病虫害最好的措施，就是预防。植物受到病虫害的侵袭，有可能是因为有三个条件集中在了一起：①存在诸如病原体和害虫之类的有害生物；②杂木比较虚弱，容易受到病虫害的侵害；③整个环境让害虫和病原体易于繁殖。我们应该从平时做起，创造一个让有害生物难以繁殖的环境来预防病虫害。

为此，我们应该时常检查日照条件、土壤条件、通风条件以及杂木树势是否虚弱等情况。

如果发现树势虚弱或通风不良，就应该采取拔除或修剪等措施，同时调整浇灌的水量；如果发现害虫或被病虫害侵袭的部位，应该及时清除掉。

丛枝病

这种病是由于害虫、真菌、病毒等引起植物激素异常，从而导致树枝前端附近等部位密生。因为发病部位看起来像是在一棵高大的树上筑的一个巢，所以这种病在日本也被称为"天狗巢病"。这种病害因特别容易在樱花树上发生而为人所知。应该除去患病部位，喷洒不会危害动物和害虫天敌的环保型农药、植物保护液或木醋液。

锈病

霉菌是其发病的原因。由于发霉，铁锈状粉末会覆盖叶子并让植物枯死。作为预防，应该将植物种植在阳光充足的地方，并且通过定期修剪来改善通风，同时不要给植物施加过多的氮肥。发生病害时，应该除去患病部位，并喷洒不会危害动物和害虫天敌的环保型农药。

植物病毒病（马赛克病）

该病毒会让树叶上产生有深有浅的绿色马赛克图案。不仅杂木，各种园景树都会受到感染。由于蚜虫和粉虱是传播病毒的媒介，所以作为预防，如果发现这些害虫就应该及时驱除。一旦发生植物病毒病，是没有办法治愈的，所以应该尽早拔除并处理掉。

膏药病

这种病的特征是，树枝和树干上长有灰色或棕色的霉菌，就像贴了膏药一样。这种病害通常会在樱花树和果树上发生。紫丁香或胡椒木等树木老了以后，在阳光和通风条件变差时，也很容易发生这种病害。因此，应该采取修剪等措施来改善通风。另外，由于介壳虫会传播病害，所以应该驱除。除了去除患病部位，还应该喷洒不会危害动物和害虫天敌的环保型农药。

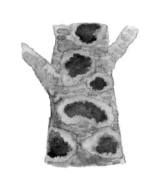

虫害的症状、预防和对策

害虫名	症　状	预防及应对
叶螨类	生在叶子的背面吸取汁液，使叶子的颜色变差，从而损害植物外观，并阻碍植物生长	要定期在叶子背面洒水。因为这种害虫会对农药产生抗药性，所以应该定期喷洒 2~3 种农药
蚜虫类	生在新芽周围或叶子背面，吸取汁液，使树叶变形，从而损坏植物外观，并阻碍植物生长	可以用水清洗，用手摘除，用牙刷擦除或用胶带粘着等方法驱除。如果有新芽掉落，就要进行修剪。可以用稀释的牛奶、肥皂水、糖水等自制成喷雾剂喷洒，或定期喷洒 2~3 种农药
蚧虫类	生长在树干、树枝和树叶背面，吸取汁液，损害植物外观，并阻碍植物生长	可以用手摘除、用牙刷擦除或用刷子清扫等方法驱除，也可以喷洒农药
切叶蜂类	会把叶子蛀出圆形的洞，损害植物外观	任其发展，损害也不会扩大太多。切叶蜂类讨厌光，因此要驱除它可以缠绕荧光胶带，或定期喷洒化学药品
毛虫类 青虫类	以树叶为食。甚至连很少生病的四照花等植物，也会生毛虫；青虫则会出现在各种园景树上	可以直接摘除，如果聚集在特定的树枝上，也可以切除整根树枝
天牛类	会吃掉树干、树枝、树叶、花朵和根	如果树干上有木屑从空的树洞中跑出来，很可能是里面长了天牛类的幼虫。可以将铁丝插入孔中来驱除幼虫

如果草坪的葡匐茎潜入了林下草的区域，则应该用手掀起侵入的草坪，让林下草区域和草坪区域之间有一个清晰的边界。

用手捏住草尖，从根部剪断。重点在于应反复地从根部修剪。但是，如果剪得太靠下，会伤到根，所以剪的时候要稍微靠上一点。

在杂木庭院中，使用略微高的草坪，会显得十分自然和谐

草坪与杂木非常搭，并且特别受有小孩子的家庭喜爱。如果要搭配杂木，建议不要使用修剪得很短的草皮，而要使用混合了杂草的"休闲草皮"。另外，人和宠物通过的地方，草坪几乎不会生长。

防止草坪蔓延的方法是，在栽种草皮的时候埋入阻根板来规划草皮生长的区域。

如果您没有放置阻根板，或者草坪侵入了按规划种植的林下草空间，又或者您觉得草坪生长得有些杂乱，这时可以使用割草机修整表面，然后再手工修剪。

在范围规划好的地方，用手将延伸过度的草皮抬高，然后用剪刀从根部附近将其剪下。这样，就可以将林下草和草坪区域之间的边界分清了。

第 4 篇　　使用杂木造园的要点

仅仅在庭院里毫无章法地种树，并不能打造出舒适的庭院。本篇就来介绍一些在造园之前应该了解的内容，包括杂木树枝的生长特点、在庭院各个位置种植的示例、需要检查的项目以及布局图的画法。

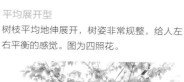

平均展开型
树枝平均地伸展开，树姿非常规整，给人左右平衡的感觉。图为四照花。

直立向上伸展型
树干笔直地向上伸展，树枝在顶端展开。图为日本小叶梣。

横向扩展型
树枝往横向扩展。下图中，左侧是白鹃梅，右侧是蜡瓣花。

斜向延伸型
树干朝一个方向延伸，具有独特的弯曲方式。图为鸡爪槭。

根据树枝的分布方式和延伸方向，杂木可以分为四种类型

杂木的树形枝形千姿百态，但大致可以分为四种类型：直立向上伸展型，平均展开型，斜向延伸型和横向扩展型。

直立向上伸展型的特点是树干高挑，常见的有日本小叶梣等树木，可以种植在很小的空间中。

平均展开型，是从树的顶部到底部，树枝都对称分布的树形，常见的有四照花等树木，适合用作标志树。

斜向延伸型，是树干弯曲并且沿一个方向延伸的树形，常见的有鸡爪槭等树木，非常适合种植在斜坡和墙边。

横向扩展型，是树枝横向延伸的树形，常见的有蜡瓣花等树木，多用于主景树之间的过渡和衔接。

在狭窄的种植空间中灵活利用了头顶上方的空间

树高为 7m。这棵树已种下十年了，比当初种下时长高了约 2.5m，但如果少修剪一些，会长得更高大。

下部分枝很少，树枝在比人的头顶更高的位置展开。

种植空间只有 0.5 ㎡。

扎在地下的根，根长超过了 2m。

即使种植面积很小，也可以通过有效利用上方的空间来种植大型杂木

如果是位于城市中的小庭院，那么用于种植杂木的空间是有限的。

但是，如果种植直立向上伸展型的日本紫茎、日本小叶梣、夏椿，或斜向延伸型的枫树类，由于树枝不会往横向伸展得很宽，并且下部分枝不会碍事，因此可以构成一个人们能够在树下通过的空间。如果了解树木的特性，并把庭院看成是立体的，那么即使在很小的空间中，也可以种植相对大型的杂木。

环视住宅用地可以发现，有很多地方虽然地面狭窄，但上方有很宽阔的空间可以利用。例如，将杂木种在通路的侧面，或停车场汽车与围栏之间等有限的空间里，树木长大后，树枝会在过道或汽车上方长成类似拱门的形状。如果想实现这种效果，建议种植四照花、连香树或橡树。

种植树木时，请确保地下有空间能够让根部蔓延

在庭院中种植杂木时，种植面积是一个重要的条件，但更重要的是土壤的质量，以及地下有多少空间可以让树根往下延伸。上图中的日本小叶梣树高约 7m，有二层楼那么高，但种植空间仅为 0.5m²。

栽种这棵树的时候，我们将周围拓宽，并放入了排水良好的土壤，因此它能够在地下扎下超过 2m 的根，从而长得挺拔高大。树根不仅向下纵深生长，还会往横向蔓延。如果没有混凝土或黏土层等阻挡根系的障碍物，并且土壤排水良好，根系就会牢牢地扎在土里。

种植杂木时，最好事先与房屋建筑公司确认地下有多少可以让树扎根的空间。

下面，我们将介绍庭院里各个位置的特点。

入口周围

在大门或玄关旁树立一棵标志树

修建大门的时候，在旁边种上一些植栽，让植物包围在它的周围，那么人造的大门就会融入杂木庭院的氛围，不会产生不协调的感觉。例如，栽种平均展开型的野茉莉或大柄冬青都很合适。如果玄关旁边的种植空间够大，则可以尝试种植标志树。直立向上伸展型的夏椿或日本小叶栌都是不错的选择。

通 路

要让人感受到进深

这里的通路被设计成了透过杂木的树叶和树干，在路的另一端可以看到大门的样式。让通路掩映在杂木中，可以令人感受到自然的氛围，以及景色的进深。这种通路，通常会设计成像左图那样的曲线型。另外，充分地展露出树干，会给人清爽的感觉，因此通路两侧适合种植直立向上伸展型的日本小叶栌和深裂钓樟等树。

停车场周围

充分利用空间

在停车场，可以灵活利用与车辆接触不到的地方，例如停车位侧面或后方，来作为种植空间。由于空间有限，所以将斜向延伸型和直立向上伸展型的树木组合搭配种植会比较好。另外，可以不把停车场的地面完全用混凝土封住，而是露出一部分土壤，并种植阔叶山麦冬等林下草来保证庭院中的绿色连贯。

在空间宽裕的庭院中，打造杂木林般的风景

如果空间比较宽裕，可以考虑将整个庭院打造成一个杂木林。将主景树种在房子附近，然后在小树林中修建一条通路，并用常绿树或灌木、林下草来将几棵作为主景树的杂木衔接起来。如果沿着蜿蜒的小径种植一些整齐美观的丛生形加拿大唐棣或四照花，会让人像漫步在杂木林中一样心旷神怡。另外，种植树枝较长，并在上空横向展开的日本辛夷或大花四照花，然后在旁边修建一个平台或露台，这时杂木看起来像一把大伞，人们可以沐浴在穿过叶间落下的斑驳阳光中。上图是杂木环抱的露台（平台）。

  主 庭

在小型庭院里先决定围挡的位置

首先，布置遮挡视线的栅栏，以及枥木、台湾含笑等常绿树，将背景设计得简洁明快。接下来，确定主景树的布局。因为小型庭院没有太多的空间，所以适合种植直立向上伸展型的日本紫茎等杂木。上图是一个小型主庭的例子，这里是在木栅栏内种植了紫花槭作为主景树。

坪 庭

选择孤植也显得俊秀挺拔的树种

坪庭里的主景树应该选择孤植也显得俊秀挺拔的树种，例如日本紫茎、枫树、日本小叶梣、紫花槭等。由于坪庭的日照时间有限，因此长年累月下来，较低的树枝就会枯萎。所以，应该选择树干的形状、颜色和树皮都比较有观赏性的植株。此外，不要直接购买已经成型的大树，而要购买幼小的树苗栽种，让它逐渐适应环境。应该注意的是，不要在空间有限的坪庭中种植过多的植物。林下草方面，可以简单地添置一些顶花板凳果或爆仗竹等结实健壮的品种。如果摆放一些石头、照明设备，鸟浴盆（供小鸟戏水或饮水的盆形装饰物）等，以及在庭院低处放置一些风格统一的添景物，会烘托出静谧的氛围。

打造杂木庭院前应该确认的事项

打造杂木庭院前，需要确认的主要项目

- 庭院的大小和形状
- 可以种植植物的地方（前庭、入口周围、通路、主庭、坪庭、停车场等）
- 植物在地下能够扎根的深度
- 地形是平地还是坡地
- 风的强度
- 雨水的流动及疏导
- 日照条件

- 从道路和每个房间观看到的景致
- 想要遮挡住会从外界投来视线的地方，例如邻居家的窗户和街道等
- 附近可以借景的植物
- 不想被树木挡住、能够看到天空的位置
- 家庭成员和生活动线
- 房屋的材料和颜色
- 停车场的位置和面积

有效利用自行车停放处和停车场

可以通过种植植物将自行车停放处和停车场与杂木庭院融为一体。因为这是建好以后就很难改动的空间，所以要提前规划好。

清楚地把握住庭院大小、周边环境和家庭成员动线等要素

制订造园计划时，请注意检查上面的项目。

首先，要了解庭院的基本环境，确认庭院的大小和形状，以及能够栽种植物的地方。另外，如果是风力较强的地方，种植杂木时需要设立支架。如果是坡地等受雨水的影响很大的地方，则需要采取保持土壤的措施，并设计排水路线。如果是日照条件不佳的地方，则应该选择喜好半阴或全阴的植物栽种。

在修建停车场或自行车停放处时，应该在边缘等位置预留一个种植空间，只需要很小的地方，就能够将这部分融入杂木庭院的氛围中。生活的动线也很重要。例如，将通路设计成蜿蜒的曲线，可以让人感受到进深。

不过，造园可能会导致地面出现高低差，所以如果家中有老人，请注意预留出扶手的位置。

检视从用地内外的各个地方看到的风景

各个位置的"视角"也很重要。例如，房子从用地外部的街道看起来如何？如果更改所处位置，比如分别站在大门附近、通路处或玄关前面，那么映入眼帘的景致应是丰富多变的。应该规划好想要遮挡住的房子或生活场景，从而决定植栽的位置。

从房屋内部看到的庭院景色也很重要。例如，透过起居室、餐厅、厨房和浴室的窗户，会看到庭院不同的位置；从1楼和2楼看到的景色也都不一样。设计庭院的时候，应该让人能够从尽可能多的地方欣赏到绿意。

透过窗户，或从庭院中，可能会看到与杂木庭院的氛围不符的事物，例如电线杆或邻居家的墙壁。这时，应该留出种植常绿树的位置或安装围栏的位置，用来设立围挡。另一方面，邻居家和附近的树木，则可以拿来借景，发挥积极作用。

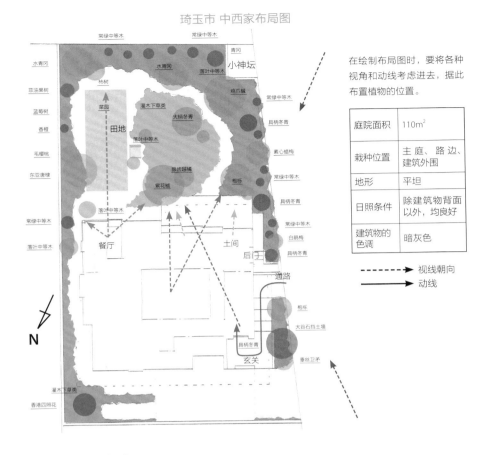

琦玉市 中西家布局图

用布局图画出庭院的造型

常绿中等木　　常绿中等木

青冈

小神坛

水青冈

水青冈

落叶中等木

鸡爪槭

菲油果树

柿树

菜园

灌木下草类

大桥冬青

常绿中等木

具柄冬青

蓝莓树

田地

落叶中等木

素心蜡梅

香橙

毛樱桃

胸齿越橘

常绿中等木

东亚唐棣

紫花槐

梅桩

具柄冬青

常绿中等木

落叶中等木

常绿中等木

餐厅

土间

白鹅梅

落叶中等木

具柄冬青

后门

通路

梅桩

大谷石挡土墙

具柄冬青

玄关

垂丝卫矛

N

灌木下草类

香港四照花

在绘制布局图时，要将各种视角和动线考虑进去，据此布置植物的位置。

庭院面积	110m²
栽种位置	主庭、路边、建筑外围
地形	平坦
日照条件	除建筑物背面以外，均良好
建筑物的色调	暗灰色

- - → 视线朝向

—→ 动线

标出环境条件、动线和视线方向

制订造园计划时，一定要创建一个相当于庭院设计图的布局图。

在图纸上标注出上一页中所列的检查项目，例如是否存在斜坡以及日照情况等环境条件，就可以把握庭院的具体形象。

同时，可以用箭头画出家庭成员的动线，以及从用地内外的道路、起居室和餐厅的窗户等各个位置投射出的视线方向。通过在布局图上做标记，可以发现用头脑构思时所注意不到的问题，例如"如果在这里种树，可能会妨碍到走路"等。

据此选择造景元素和树种

整理好布局图后，就可以开始构思这次庭院设计的主题了。虽然通称"杂木庭院"，但是杂木庭院具有各种各样的形式，您可以根据自己的喜好，将庭院打造成各种不同的风格类型，比如杂木林风格、草坪主体风格、日式庭院风格或欧式风格等。

不同主题的庭院，附带的造景元素的氛围，例如门的形状、铺路石的材质以及露台或平台的构造，也应该随之发生改变。无论多么漂亮的元素，如果不符合庭院的主题，就会破坏掉整体的平衡。

一旦决定了庭院的主题，并确定了造景元素的大方向，就该选择植物了。如果要考量在用地上种植什么植物，表现庭院什么样的风貌，可以参考第64~82页的图鉴和第96~100页的内容选择树种。按照乔木、中等木、灌木、林下草的顺序确定，设计起来会更加容易。这时候重要的是，植物的布局要有衔接过渡，能够连成一片。

种植杂木，让庭院焕然一新

琦玉市中西家

这是中西家"土间"的大窗户（框架）。庭院显得很狭窄，附近的房屋和公寓一览无遗，"景色"枯燥无味。

右侧有一棵树干粗壮的大株栎树，左侧有一棵枝叶柔软舒展的紫花槭，映入眼帘的是一幅郁郁葱葱、绿树成荫的景色。邻居家也被挡住了，给人一种绿色一直延伸到远方的感觉。

这是从街道边斜向看到的房屋样子。泛黑的房子开放地暴露在外，给人一种孤单的感觉。

垂丝卫矛和具柄冬青等杂木和常绿树浓浓的绿意，从用地一直延伸到路边，营造出一种房子被树木环抱的氛围。

因为面朝街道，所以从外面完全可以看到房子里面的样子。

种植了常绿树和杂木作为围挡，让人们从街道看不到用地内的样子。院内的植株绿意盎然，仿佛要蔓延到街道上似的，从外面看起来就像是一片杂木林。

通过种植杂木，能让房屋的气氛和庭院的景色发生什么样的变化呢？
在这里，我们来为读者展示一些直观易懂的新建和翻新案例。

杉并区大岛家

施工前

施工后

狭小的空间内铺有地砖，还放置了桌子和储物柜。在预制钢筋混凝土墙的旁边，狭窄的空间里种植着树木，旁边还放着花盆和花槽。

围绕露台铺设了地砖，同时向内凹进一部分，让种植范围稍微有所扩大。种植日本小叶梣作为主景树，并添加了衬托主景树的灌木类和林下草，空间上变得更为宽敞。

国分寺市佐藤家

施工前

停车场周围的空间。砖块砌成的隔断、混凝土地面、均匀种植的常绿树等，都给人直白生硬的感觉。

施工后

地面由泥土和石板组成，砖墙换成了木栅栏。另外，去掉了常绿树，取而代之的是在右前方种植了日本枫树和枹栎（幼苗），在右后方种植了大柄冬青，在左侧种植了紫花槭。另外，在树根周围添置了泽八绣球、草珊瑚、矾根、枸木、铁筷子等植物。

房屋与杂木庭院

能够与庭院融为一体，充满大自然气息，像度假屋一般的房子，
究竟是什么样的呢？就这个问题，我们访问了建筑师高桥修一。
他所设计的房屋，配套的庭院有许多都是委托栗田先生建造的。

修建一座住所，再拥有一栋度假屋，时常往返于其间……这可能是许多人心中描绘的理想生活。但是，现实条件基本上是不允许的。我建造房子的时候，总是有一个信念，那就是"即便是在城市里，我也想建造一所度假屋（园林住宅）般的房子"。在这个繁忙浮躁的现代社会，尤其如此。

房屋本身的结构——尤其是材料的选择、简约的空间构成以及照明等，都对这个理念有很大的影响。影响力超乎我们想象的另一个因素，就是造园。

即使同为杂木庭院，就算采用相同的树种，不同的造园家所构筑的景观也完全不同。栗田先生修造的庭院浑然天成，仿佛用地一开始就是一片杂木林，而"住宅之塾"所建的与庭院相协调的房子，具有三个特点。首先，主要使用天然材料，而非工业建筑材料。第二，将传统技术应用到现代设计当中。第三，不管怎么说，房屋的设计应该与时俱进，并为人们的生活服务，所以风格上还是现代的。严格来说，能够实现建筑与庭院和谐统一的合作伙伴并不多见。在"不产生人为造作感觉"的目标下，彼此对"设计的质感"的理解非常相近。

房子和庭院的关系，是密不可分的。我和栗田先生已经合作了 30 多年。他打造的庭院四季鲜明。在他造园的工作现场，他怀抱着"让业主住得安乐舒心"的理念，用心栽培植物，奔忙于花草树木之中的身影，令我印象非常深刻。栗田先生的精神融入了庭院之中，已经成了构成杂木的一部分。

我们已经失掉了太多的本性。我认为，生长着杂木和草花的庭院，无论在保持人格心理健全方面，还是在治愈伤痕累累的心灵方面，都会在我们的生活中发挥重要作用。

※ 高桥先生设计的住宅出现在：P10、24、34、39、60

高桥修一　Takahashi Syuichii

于 1983 年成立"住宅之塾"，开展造宅活动，以共识和信任为主旨，让建筑师、施工单位、工匠、业主集结在一起。
网站：http://sumai-jyuku.gr.jp

造景物与杂木庭院

造园的乐趣之一，就是布置大门和照明之类的造景物。
就"什么样的造景物适合杂木庭院"这个问题，
我们访问了与栗田先生有过多次合作的造型艺术家松冈信夫先生。

我们造型艺术的目标，就是让材料的张力与人们想象中的造型相结合，达到浑然一体。对材料进行加工时，材料本身散发出的气质，能让我们回想起在自然界中体验到的感动或惊喜。制作造景物的时候，我会斟酌所用的材料，想要找到与作品相符的气质。

我和栗田先生已经相识 30 年了，我们所追求的是"造景物与庭院的完美搭配"。正因为像这样永不满足地去挑战，才会在庭院和造景物构筑的空间中诞生了一个又一个新世界。协作造园的有趣之处在于，有时作品会产生意想不到的张力，和庭院融为一体。然后我把这种经验，当成创作下一个作品的源泉，不断地去创新。

我从栗田先生的庭院中感受到的自然气息，比如宜人的微风、粼粼的水光和清爽的树林，为我设计出更好的作品提供了灵感。这可能是因为栗田先生庭院里的景致，与我的作品追求的景致是一致的。

我虽然也会使用其他材料，但是在三十多年前，当我思考什么材料能够配合壁炉的火种时，我意识到铁是最适合的。栗田先生的庭院不适合闪亮的金

属、玻璃等不能融入大自然的装饰性过强的材料。铁是一种"纯粹"和"质朴"的材料，并且能够最自由、最广泛地反映艺术家的创意。用铁可以将光线、水和森林带给人的感动，通过具体的造型表现出来，所以置于自然环境中也没有问题。栗田先生的庭院是"高度专业的庭院"，大小、高度、地点和方位都一丝不苟，我也据此严格控制了制造工艺，以求我所布置的造景物，不仅带有个人风格，而且与庭院相得益彰。

我认为，人与人之间互相碰撞出火花，一起创造出更优秀的作品是最重要的。庭院里布置有大门、篱笆、扶手、灯和邮筒等造景物，让这些作品融入庭院，更能够彰显庭院之美。接下来，我想继续与栗田先生一起合作，不断地去挑战。

※ 松冈先生设计的造景物出现在：P18、34、39、46、60、62

松冈信夫 Matsuoka Nobuo

作品多以铁为主要材料，注重纯艺术表达与日常用品之间的融合，不断地设计出日常生活中不可或缺的各种物件。

后 记

    本书介绍的庭院均位于东京及近郊，从刚造好不久的庭院到已有 20 年历史的庭院，一应俱全。如果能为那些正在建造房屋、思考庭院该如何设计的朋友提供一些提示和启发，我们将不胜荣幸。

    在城市的一角，一幢新房落成，一个年轻的家庭刚刚入住，并在小庭院里种下了几棵小树。那么，是种了什么样的树呢？房子已经有了家的样子，孩子们会抬头看着房子和树木。

    小树迈出了成长的第一步，在下雨天生气勃勃，在阳光下无精打采。炎热的夏天终于过去，叶子在秋天神奇地变成了红色。枝枯叶落，不久又迎来了盼望已久的春天。树上萌发出嫩芽，又是一片新绿。在这个季节，杂木展露出它特有的清新和秀美。

伴随树木的生长，一家人在日常生活中切身感受着自然的力量，同时经历着一年又一年的四季更迭。土壤、天空、风、雨和太阳……它们与人们越来越贴近。

5年、10年、20年后，构成庭院的，是时间和城市中的自然。小孩已经长成了大人的模样，纤细娇小的杂木也已经长得高大挺拔，展现出符合庭院氛围的不同姿态。房屋和庭院也更加和谐，展露着风情。杂木庭院不断地变化着，陪伴在我们周围，已经与人们的日常生活密不可分。

"这棵四照花是你爷爷种在这里的。"
"啊……这个叫四照花呀……"

如果这样的故事，能够在都市繁忙的生活中不断重演；人与自然之间的联系，能够不着痕迹地渗入孩子们的心中，这该是多么棒的一件事呀！
居住在城市里的人们各自拥有着不同的生活理念，本书中也出现了各式各样的房屋。
杂木庭院真的很不可思议，它就像一位觉得所有孩子都一样可爱的母亲，无论是什么样的家庭都温柔地包围着、守护着，呈现出或怀旧，或现代，或日式，或西式等各种风格。
其中的秘诀是什么呢？
窗外，杂木那在风中摇曳的纤细树枝，把你带入对面那片令人心胸开阔、无边无际的天空。而天空另一端的某个地方，连接着能够抚慰心灵的景致。希望杂木庭院能够给你带来这样的感受。

鸣谢为本书撰文的"住宅之塾"的高桥先生和"AINS"的松岗先生。

彩苑董事长　栗田信三

Original Japanese title: SEMAKUTEMO KOKOCHI YOI ZOUKI NO ARU CHISANA
NIWA ZUKURI
Supervied by Shinzo Kurita.
Copyright © 2015Ie-No-Hikari Association.
All rights reserved.
Original Japanese edition published by Ie-No-Hikari Association.
Simplified Chinese translation copyright ©2020, by China Machine Press.
Simplified Chinese translation rights arranged with Ie-No-Hikari Association, Tokyo
through The English Agency (Japan) Ltd., Tokyo and Shanghai To-Asia Culture Co., Ltd.

本书由家之光协会授权机械工业出版社在中国境内（不包括香港、澳门特别行政区及台湾地区）出版与发行。未经许可之出口，视为违反著作权法，将受法律之制裁。

北京市版权局著作权合同登记　图字：01-2019-5839号。

日版工作人员

美术指导　日高庆太（monostore）
设　　计　志野原遥（monostore）/ 大平千寻
摄　　影　平泽千秋 / Edward Levinson / 各位业主 / 栗田信三
插　　画　天野恭子（magic beans）/ 栗田信三
校　　对　原田教子·宫崎小百合（Zero Mega）/ 高桥美智子
DTP 制作　中村美纪·川上洋子（Relief Systems）
编辑/制作协力　各位业主 / 高桥修一（住宅之塾）/ 松冈信夫（AINS）/ 仲村刚（Berry）/ 林克明
编　　辑　小林朋子（吉祥舍）

图书在版编目（CIP）数据

杂木小庭院 /（日）栗田信三编；韩冰译. — 北京：
机械工业出版社，2020.10
（打造超人气花园）
ISBN 978-7-111-65502-2

Ⅰ.①杂… Ⅱ.①栗… ②韩… Ⅲ.①庭院 – 园林设计 Ⅳ.①TU986.2

中国版本图书馆CIP数据核字（2020）第072994号

机械工业出版社（北京市百万庄大街22号　邮政编码100037）
策划编辑：马　晋　　责任编辑：马　晋
责任校对：张玉静　　责任印制：张　博
北京宝隆世纪印刷有限公司印刷

2020年6月第1版第1次印刷
187mm × 260mm · 6.75印张 · 131千字
标准书号：ISBN 978-7-111-65502-2
定价：59.80元

电话服务　　　　　　　网络服务
客服电话：010 – 88361066　机 工 官 网：www.cmpbook.com
　　　　　010 – 88379833　机 工 官 博：weibo.com/cmp1952
　　　　　010 – 68326294　金 书 网：www.golden-book.com
封底无防伪标均为盗版　　机工教育服务网：www.cmpedu.com

作者简介
栗田信三

1951 年出生于东京。毕业于东京都立大学附属高中。师从于嵯峨苑的冈佶郎先生。1983 年离开公司后，成立了彩苑。目前主要从事造园工作（个人住宅方向）。2005 年，还为复合式公共住宅"Care Town 小平"设计了轮椅也能够方便通行的庭院。

彩苑有限公司
董事长　栗田信三
东京三鹰市井口 2-13-4
http://www.saien.net/

摄影协力
山野草专卖店 安藤农场
神奈川县川崎市多摩区营北浦
3-3-8